상식과 요약으로 배우는
에센스 생화학

생화학 입문에 앞서 기초가 되는
생화학관련 유기화학의 기본을 다룬 입문서

상식과 요약으로 배우는 에센스 생화학

최창식 지음

한국문화사

머리말

생명활동을 하는 모든 것들은 생화학에 근간을 두고 해석할 수 있으며 생체에서 일어나는 모든 과정은 생화학적 메커니즘으로 설명이 됩니다.

특히, 인체 내에서 일어나는 모든 과정은 생리 의학적 및 약리적인 관점에서 설명이 되고, 그러한 관련 연구들이 비약적으로 발전하고 있습니다.

아울러 생명현상을 풀어 나가는데 있어 생화학의 학문이 기반을 두고 있고, 생화학에 관련한 다양한 교재들이 출판되고 있는 실정입니다.

이러한 출판에 발맞추어 학생들의 수준에 적합하고 비교적 이해하기 쉬운 내용으로 생화학을 요약하여 교재를 출판하고자 하였습니다. 본 교재의 특징으로는 생화학 입문에 앞서 기초가 되는 생화학관련 유기화학의 기본을 다루어 생화학에 대한 기초 지식 및 흥미를 이끌어내고자 하였습니다.

그리고, 의학적인 관점에서 배우는 다양하고 비교적 어려운 생화학 분야를 요약 형식으로 풀어 설명하고자 하였습니다. 이 교재가 생화학을 배우고자 하는 학생들에게 방향을 설정하는데 있어 유익한 길잡이가 되기를 바랍니다.

끝으로 이 교재가 출판되기까지 적극적으로 도와주신 한국문화사의 편집부 관계자 여러분께 깊은 감사를 드립니다.

2025년 4월
대학교 교정에서
저자 최창식

목차

머리말 5

1장 생화학의 유기화학 기초   9
2장 생화학의 개념   13
3장 생명체의 기본   21
4장 탄수화물   31
5장 지질   45
6장 단백질   63
7장 효소   77
8장 소화   85
9장 대사   103
    탄수화물대사   103
    지질대사   123
    단백질대사   139
10장 소변과 혈액   155
11장 비타민   199
12장 호르몬   225
13장 핵산   265

참고문헌 282

1장
생화학의 유기화학 기초

유기화학은 탄소화합물 화학이라고 정의하며, **작용기 화학**이라고도 한다.

1. 이온결합과 공유결합

모든 결합은 팔전자 규칙(octet rule)에 따라 형성되며, 최외각껍질의 전자 수를 8개로 채워서 더 안정하게 되려는 경향을 가지게 된다.

- 이온결합: 양이온과 음이온의 상호작용으로 형성된다.
- 공유결합: 두 개의 전자를 두 원자가 서로 공유함으로서 형성된다.

2. 공유결합 이론

공유결합을 이해하는데 원자가결합이론(valance bond theory, VBT)과 분자오비탈이론(molecular orbital theory)으로 설명할 수 있다.

- 원자가결합이론: 두 원자의 오비탈이 충분히 겹쳐서 공유결합을 형성한다.
- 분자오비탈이론: 5가지 규칙에 따른다.
  - 원자의 원자가 전자 오비탈만이 분자 오비탈 형성에 참여한다.
  - 원자 오비탈들의 1차결합으로 분자 오비탈이 형성된다.
  - 형성된 분자 오비탈 수와 형성에 참여하는 원자 오비탈 수가 동일해야 한다.
  - 분자 오비탈은 결합성 분자 오비탈과 반결합성 분자 오비탈 반반씩 이루어져 있다.
  - 공유결합의 안정성은 결합 차수로 나타낸다.

3. 분자간 작용하는 힘

(1) 반데르발스 힘: 순수 공유결합만을 가지는 알케인분자에서 나타나는 힘으로 분자들사이의 접촉면적에 의존한다. 이 면적이 넓으면 작용하는 힘이 더 커진다. 이 힘은 단백질과 같은 비극성 곁사슬간에 인력이나 반발력에 의해 비극성 내부구조를 형성하므로 중요하다.

(2) 쌍극자-쌍극자 상호작용: 전하가 다른 쌍극자간에 서로 끌어당기는 힘이다. 극성공유결합을 가지는 분자에서 나타나는 힘으로 분자의 양전하부분이 다른분자의 음전하부분과의 서로 끌어당기는 힘이다.

(3) 수소결합: 쌍극자-쌍극자 상호작용의 힘보다 훨씬 강한 힘으로 극성공유결합중에서 알코올기(R-OH) 혹은 아민기(-NH)와 같은 편극화된 그룹간에 나타나는 힘이다. 단백질과 핵산 같은 생화학 분자에서 흔히 볼 수 있는 주요한 힘이다.

4. 산과 염기

수용액에 적용되는 아레니우스, 브뢴스테드-로우리 개념 및 유기용매 반응까지 확장된 루이스 개념 3가지로 정의한다.

(1) 아레니우스 개념: 수용액에서 해리되어 H^+ 이온을 내면 산, OH^- 이온을 내면 염기로 정의한다. 중화반응에서 산과 염기가 반응하여 염과 물이 생성되는 반응이다.
(2) 브뢴스테드-로우리 개념: 산은 양성자 주개이고, 염기는 양성자 받개이다. 산에서 염기로 양성자가 전달되어 생성되는 짝산과 짝염기가 중요하다.
(3) 루이스 개념: 전자쌍 받개는 산이고, 전자쌍 주개는 염기로 정의한다. 루이스산은 전자를 받을 수 있어서 친전자체(electrophile)이고, 루이스 염기는 전자를 줄 수 있어서 친핵체(nucleophile)이다.

5. 생화학에서의 대표적 유기화학 반응

(1) 산화-환원반응: 산화(oxidation)는 전자를 잃는 것이고, 환원(reduction)은 전자를 얻는 것이다.
(2) 첨가반응: 두 개 화합물이 한 개 화합물로 형성되는 반응이다.
(3) 제거반응: 한 개 화합물이 두 개의 화합물로 되는 반응이다.
(4) 치환반응: 반응물의 특정 원자나 원자단이 다른 화학종으로 치환되는 반응이다.
(5) 축합반응: 두 개이상의 화학종이 하나의 생성물로 형성되는 반응이다.
(6) 전달반응: 반응 활성화에 관여하는 반응기나 작용기들이 전달 혹은

교환하는 반응이다.

(7) 가수분해반응: 반응물질에 물이 첨가되어 두 분자로 분해되는 반응이다.

(8) 카복실화반응: 반응물질에 카복실기(COOH)가 치환되는 반응이다. 반응물질의 탄소수가 증가한다.

(9) 탈카복실반응: 반응물질에서 카복실기가 이탈되는 반응이다. 반응물질의 탄소수가 줄어든다

2장
생화학의 개념

1. 생화학의 정의

생화학(biochemistry)이란 생명체에서 일어나는 화학반응을 연구하는 학문으로 정의하기도 하며, 생명체를 분자수준에서 연구하는 학문으로 정의하기도 한다. 생화학은 생명체의 성장, 유지 및 생식에 포함된 화합물, 화학반응 및 분자의 상호작용을 연구하는 학문이라고 말할 수 있다.

2. 생명체의 특성

1) 생명체는 복잡하고 역동적이다.
모든 생명체는 주로 탄소를 중심으로 이루어진 복잡하고 3차원적인 유기분자(organic molecule)로 구성되어있다.
탄소원자는 네 개의 공유 결합을 형성할 수 있어 다양한 구조의 분자를 만들 수 있으며, 이는 생명체의 분자 다양성의 기초가 된다. 이러한 특성으로 인해 단백질, 탄수화물, 지질, 핵산 등 생명체의 주요 구성 요소들이 복잡한 3차원 구조를 형성하게 된다. 탄소 골격의 다양성은 생물 구성물질이 가지는 다양성과 복잡성을 나타내기에 충분하다.

엄청나게 많고 다양한 분자가 진동과 회전을 통해 상호작용하고, 충돌과 재배열 과정을 거쳐 새로운 분자를 만든다.

2) 생명체는 조직화되어 있고 자생적이다.

생명체는 체계적으로 잘 조직되어 있다.

생명체 → 기관계 → 기관 → 조직 → 세포 → 소기관 → 분자 → 원자

생명체를 구성하는 분자를 생체분자(biomolecule)라고 하는데, 이것은 원자(atom)으로 구성된다. 원자는 원자핵과 전자로 구성된다. 어떤 생체분자는 상이한 분자들이 결합하여 형성되고, 특별한 기능을 수행한다.

생명체가 유지되려면 계속해서 에너지와 물질이 공급되어야하고, 노폐물은 제거되어야한다. 이러한 일은 효소가 촉매하는 수백가지의 화학 반응에 의해 이루어진다. 생명체에서 일어나는 모든 반응을 종합적으로 대사라고 하며, 합성하는 대사를 동화작용, 분해하는 대사를 이화작용 이라고 한다. 생명체는 대사 과정을 일정하게 조절하는 항상성을 갖고 있다.

3) 생명체는 세포로 구성된다.

생명체는 다양한 구조와 기능을 갖는 세포로 구성된 세포 구조물이다.

세포는 세포막으로 둘러싸인 세포질로 구성되어 있으며, 단백질 및 핵산과 같은 많은 생체분자들을 포함하고 있다. 각 세포는 스스로 물질대사를 할 수 있다. 즉, 영양소를 받아들여서 에너지로 전환하고, 고유한 기능을 수행하며, 필요에 의해 번식할 수 있다. 각 세포는 이러한 여러 가지 생명활동을 수행하기 위한 각각의 세포 소기관들을 가지고 있다.

4) 생명체는 정보의 지배를 받는다.

생명체는 정보에 의해 구성된다. 생명체의 구성과 방대한 기능도 정교하고 정확한 정보에 의해 이루어지기에 생명체는 정보처리 시스템이라고도 말한다.

유전정보는 유전자(gene)라고 불리는 핵산인 디옥시리보핵산(deoxyribonucleic acid)에 있는 뉴클레오타이드 배열 속에 저장되어 있다. 이 유전 정보에 따라 아미노산의 배열이 결정되고 특별한 기능을 수행하는 단백질이 만들어진다.

단백질은 다른 분자와의 상호작용을 통해 기능을 발휘한다. 단백질은 특유의 3차원적인 구조를 띠고 있어서 매우 정밀하게 상보성 모양을 하고있는 다른 분자와 결합하고 상호작용한다.

5) 생명체는 적응하고 진화한다.

DNA분자가 복제될 때 스트레스-유도성 DNA 변조와 오류가 나타나 돌연변이(mutation)나 배열변화를 일으킨다. 돌연변이는 자손의 번식을 제한하는 해로운 것도 있으나 드물지만 생명체의 새로운 환경에 대한 생존력과 적응력과 생식력을 높여주기도 한다.

3. 생체분자

생체분자는 원자로 구성되며, 원자는 핵(양성자와 중성자)과 전자로 이루어진다. 생명체를 구성하는 원소는 자연계의 92개 원소와 17개 합성 원소 중 일부이다. 원자번호는 양성자 수를 나타내며, 원자 질량은 양성자와 중성자 수의 합으로 결정된다.

대부분의 생체분자는 탄소와 수소로 이루어진 탄화수소(hydrocarbon)에서 유래하며, 탄화수소는 물에 용해되지 않는 소수성 분자이다. 탄소는 4개의 공유 결합을 형성하며, 수소와 결합해 메테인(CH_4)을 포함한 다양한 탄화수소(에테인, 프로페인, 뷰테인, 펜테인, 헥세인, 헵테인, 옥테인, 노네인, 데케인 등)를 만든다.

탄소 원자 간에는 단일 결합(에테인, H_3C-CH_3), 이중 결합(에틸렌, $H_2C=CH_2$), 삼중 결합(아세틸렌, $HC≡CH$)이 가능하다. 이러한 결합은 안정성을 위해 원자가 최외각 전자껍질에 8개의 전자를 가지려는 옥텟 규칙에 따라 형성된다

모든 유기 분자는 탄화수소의 탄소 골격에 작용기(functonal group)가 결합하여 형성된다. 작용기는 분자의 화학적 성질을 결정하며, 예를 들어 알코올은 수산기(-OH)로 수소가 치환된 화합물이다. 메테인(CH_4)이 -OH로 치환되면 메탄올(CH_3OH)이 되고, 에테인은 에탄올(C_2H-OH)이 된다.

4. 세포

세포(cell)는 생명체의 기본 단위로, 생명 활동이 이루어지는 곳이다. 세포는 원핵세포(핵과 소포체가 없음)와 진핵세포(핵과 소기관 보유)로 나뉜다. 진핵세포는 인체 세포를 포함하며, 구조와 기능은 세포학(cytology)에서 연구된다.

1) 세포막

세포막(cell membrane)은 외부 환경과 경계를 이루는 세포의 바깥 구조로, 원형질막(plasma membrane)이라고도 한다. 세포막은 인지질 이중층, 단백질, 콜레스테롤로 이루어진 유동 모자이크 모델(fluid-mosaic model) 구조를 가지며, 성분은 지질 45~55%, 단백질 45~50%로 구성된다. 주요 인지질은 레

시틴(lecithin)이다.

세포막의 주요 기능은 다음과 같다:
1. 물질 조절: 영양분은 세포 안으로, 노폐물은 밖으로 배출.
2. 세포간 교신: 당단백질이 신호 전달과 세포 부착을 돕는다.
3. 면역 역할: 세포 특유의 면역학적 성질을 제공.
4. 선택적 투과성: 소수성 분자는 쉽게 통과하지만 수용성 분자는 제한적으로 통과.

2) 세포질

세포질(cytoplasm)은 핵막과 세포막 사이의 영역으로, 막성 소기관 외의 액체 부분인 시토졸(cytosol)을 포함한다. 시토졸은 단백질, 효소, 핵산, 탄수화물, 대사물질로 이루어진 용액이며, 해당 작용(glycolysis)과 지방산 합성(fatty acid synthesis) 등 다양한 대사 반응이 일어난다.

3) 핵

핵(nucleus)은 직경 4~6 μm의 둥근 구조물로, 핵막에 의해 둘러싸여 있으며 핵공(pore)을 통해 물질 교환이 이루어진다. 핵에는 DNA와 히스톤 단백질로 구성된 염색체(chromosome)가 있어 유전 정보를 저장하고 전달한다. 염색체는 세포분열 시에만 관찰되며, 휴지기에는 염색질(chromatin) 형태로 존재한다. 또한, 핵 속에는 RNA가 풍부한 인(nucleolus, 핵소체)이 있어 RNA 합성과 가공을 담당한다.

4) 미토콘드리아

미토콘드리아(mitochondria)는 내막과 외막으로 구성되며, 내막의 주름이 안으로 돌출되어 표면적을 넓히는 역할을 하는 크리스타(cristae)가 있고 내부 공간에는 기질(matrix)로 이루어져 있는 약 2 ㎛의 막대형 구조물이다.

미토콘드리아는 그 안에 TCA 회로와 지방산 분해, 전자 전달계에 사용되는 효소를 모두 포함하고 있으며 이를 통해 생명 활동에 필수적인 에너지인 ATP를 합성한다.

5) 소포체

소포체(endoplasmic reticulum, ER)는 세포질 전체에 고루 분포하고 있으며 내부가 연결된 하나의 막으로 이루어진 소기관이다. 소포체는 표면에 리보솜이 부착된 과립 소포체와 리보솜이 존재하지 않는 활면 소포체로 구분된다. 흔히 알고 있는 소포체의 기능인 단백질 합성은 오직 과립 소포체에서만 발생한다. 활면 소포체는 주로 인지질, 콜레스테롤과 같은 복합지질을 합성, 운반하며 이 외에도 칼슘 이온 저장, 스테로이드 호르몬의 합성, 해독 등의 기능을 한다.

	과립 소포체	활면 소포체
특징	표면에 리보솜 부착	리보솜이 존재하지 않음
기능	단백질 합성, 운반 및 분비	복합지질 합성 및 운반, 칼슘 이온 저장, 스테로이드 호르몬 합성, 해독

6) 리보솜

리보솜(ribosome)은 두 소단위체로 구성된 약 25 ㎚ 크기의 소기관이다. 리보솜은 mRNA와 tRNA를 통해 단백질을 합성한다. 특수 tRNA에 해당하는 안티코돈 고리와 암호화된 유전정보를 가진 mRNA의 코돈이 결합하며 아미노산 사슬을 형성한다. 또한 리보솜은 가까운 아미노산 사이의 펩타이드 결합을 촉매하여 폴리펩타이드를 만든다.

7) 골지체

골지체(Golgi apparatus)는 소포체에 뻗어있는 막 주머니인 시스터나(cysternae)가 층층이 쌓인 형태의 구조물이다. 골지체는 소포체에서 생성된 단백질을 세포 외부로 분비하거나 막으로 싸서 세포질 내부에 저장하는 역할을 한다. 골지체는 또한 세포 내 지질 조절의 기능도 수행한다.

8) 리소좀

용해소체라고도 불리는 리소좀(lysosome)은 가수 분해 효소를 통해 다른 세포 소기관이나 이물질을 녹여 구성 요소로 분해시킨다. 리소좀은 골지체에서 형성되며 리소좀 내의 가수 분해 효소 성분 만노스-6-인산 분자(mannose-6-phosphate molecule)는 소포체에서 생성된다.

9) 퍼옥시좀

퍼옥시좀(peroxisome)은 직경 약 0.2㎛에서 1.8㎛ 크기이며 막으로 싸여있는 구조물이다. 퍼옥시좀은 과산화수소(H_2O_2)를 생성하는 산화효소를 가지고 있다는 특징이 있고 이를 분해하는 효소 카탈레이스(catalase) 또한 포함되어 있다.

10) 미세소관

단백질 튜불린(tubulin)으로 이루어진 미세소관(microtubule)은 길이가 긴 섬유로, 세포의 형태를 유지하는 세포 골격으로 작용하고 또한 세포 운동에도 영향을 미친다. 미세소관은 세포 분열 시 복제된 각각의 염색체가 분리되는 과정에 부착하는 방추사(spindle fiber)를 구성한다.

11) 중심체

미세소관을 포함한 중심립과 이를 둘러싼 중심구로 구성된 중심체(centrosome)는 미세소관과 매우 밀접하게 영향을 주고받는다. 중심체는 세포의 미세소관과 섬모를 형성하는 기능을 한다. 또한 중심체는 세포주기에 맞춰 복제되고 분리된다. 중심체는 염색체와 함께 S기에 복제되어 분열기에 진입한 세포에는 모체와 딸 중심립, 두 개가 존재한다. 중심체는 방추사를 통해 두 염색분체를 각각 양 쪽으로 이동시킨다.

3장
생명체의 기본

물이 생명체에서 가장 중요한 화학 물질인 것은 의심할 여지가 없다.

만일 물이 없다면 생명체는 존재할 수 없다. 인체에서 물은 세포의 약 70%와 혈액의 80%이상 그리고 체중의 60~70%를 차지한다. 생명체에서 일어나는 모든 화학 반응은 물을 매개로 하여 일어난다. 다시 말하면 물은 생화학 반응의 용매라고 할 수 있다. 따라서 본 장에서는 물이 어떤 특수한 성질을 갖고 있고, 이것이 왜 생명체에 왜 필수적인 요소인지를 살펴볼 것이다. 화학 반응은 용액(물과 그 속에 포함된 물질을 충청합의 산성과 염기성의 정도에 의해 크게 영향을 받는다. 따라서 산과 염기의 성질을 포함하여 이러한 것을 조절해주는 완충 용액이 어떻게 작용하는지에 대해서도 살펴볼 것이다.

1. 물의 화학

물 분자는 산소 1개와 수소 2개가 결합하여 구성되며, 분자식은 H_2O이다. 그런데 산소와 수소가 공유 결합을 하여 "H-O-H를 형성할 때 산소의 전기음성도(electronegativity) 원자의 전자를 끌어 당기는 능력의 척도가 3.5로서 수소의 2.1보다 크기 때문에 수소의 전자가 산소 쪽으로 치우쳐 분포한다. 수소는 부분 양전하와 산소는 부분 음전하에 의해 극이 나누어진 분자를 쌍극자(dipole)라고 하며, 이로 인해 나타나는 성질을 극성(polarity)이라고 한다.

첫 번째 물 분자가 두 번째 물 분자와 만나면, 첫 번째 물 분자의 산소가 두 번째 물 분자의 수소를 끌어당겨 결합한다. 이것을 수소 결합(hydrogen bond)이라고 한다. 수소 결합은 두 원자가 전자를 서로 공유하는 공유 결합(covalent bond)이 아니라, 반대 전하를 띠고 있는 이온사이의 전기적 인력, 즉 정전기적 결합(electrostatic bond)이다. 이러한 방식으로 물 분자는 덩어리를 형성한다.

물의 끓는점, 어는점 및 점도는 암모니아와 메테인 분자와 비교할 때 매우 다른 물리적 성질을 가진다. 이러한 성질은 모두 수소결합으로 인해 생긴다.

	물(H_2O)	암모니아(NH_3)	메테인(CH_4)
끓는점(°C)	100	-33	-162
어는점/녹는점(°C)	0	-78	-183
점도	1.01	0.25	
분자량	18	17	16

만일 물이 액체 암모니아와 비슷한 끓는점을 갖고 있다면, 지구상에 있는 모든 물은 증기로서 존재 할 것이다. 이렇게 되면 바다도, 강도, 호수도 없고 생명체도 존재하지 않을 것이다. 호수나 강 위에 있는 얼음은 바닥으로 가라앉지 않고 부유한다. 그래서 물고기를 비롯한 수서생물이 겨울에

살아갈 수 있다. 물은 표면장력이 크기 때문에 나무의 뿌리와 줄기를 통해 잎까지 올라간다. 이것은 모세관 작용(capillary action, 하나의 물 분자가 다른 하나의 물 분자를 끌어당기는 분자 인력)에 의해 완성된다. 이 모든 것은 수소결합때문에 일어나는 현상이다.

물은 또한 다른 물질을 용해시키는 매우 중요한 성질을 갖고 있다.

물은 양극성 분자이기 때문에 반대 전하를 띤 다른 원자를 끌어당길 수 있다. 따라서 물은 다른 물질과 한 개 또는 그 이상의 수소 결합을 형성하여 극성 또는 친수성물질을 용매화함으로써 "용매 껍질(solvation shell)'을 형성할 수 있다.

2. 물의 해리 상수(Kw), 산, 염기

인체는 대체적으로 산(acid)과 염기(base)로 채워져 있으며, 모든 생명체는 이러한 생물학적 활성물질의 절묘한 균형에 의해 유지되고 있다. 산과 염기를 이해하려면 먼저 물의 산과 염기에 대한 성질을 살펴보아야 한다.

두 개의 물 분자가 반응하면 하이드로늄 이온(hydronium ion, H_3O^+)과 수산화 이온(hydroxide ion, OH^-)을 형성한다. 이러한 반응은 수용액에서 일정한 비율로 가역적으로 일어난다.

$$H_2O + H_2O \rightleftarrows H_3O^+ + OH^-$$

하지만 단일 물분자의 해리는 일반적으로 H^+과 OH^-으로 표현하는 것이 관례화되어 있다. 여기서 H^+ 농도는 약자로 $[H^+]$로 나타낸다. 따라서 괄호는 몰농도를 가리킨다.

$$H_2O \rightleftarrows H^+ \rightleftarrows OH^-$$

수용액에서 실제 [H^+]는 무시해도 되고, 대체적으로 모든 H^+는 H_3O^+으로 존재한다. 따라서 앞으로 산과 염기를 설명할 때 자주 등장하는 [H^+]는 정상적으로 [H_3O^+]를 가리킨다.

1) Kw

물의 해리를 나타내는 평행 상수(equilibrium constant, Keq)는 Keq=[H^+][OH^-]/[H_2O]이다. 이 식의 양변에 [H_2O]를 곱하면 Keq[H_2O] = [H^+][OH^-]가 된다. 묽은 수용액에서 [H_2O]는 약 55.5 M이다. [H_2O]가 일정하다고 가정할 때, Keq[H_2O]는 일정한 비율로 두 개의 산물로 되며, 이 새로운 상수를 Kw라고 한다.

Keq[H_2O] = Kw = [H^+][OH^-]

실험적으로 25°C에서 Kw = 1×10^{-14}이며, 체온인 37°C에서도 거의 같다.
Kw = [H^+][OH^-] = 1×10^{-14}이므로
[H^+] = 1×10^{-14}/[OH^-] 및 [OH^-] = 1×10^{-14}/[H^+]

2) 산과 염기

물 분자가 해리하면 한 개의 H^+과 한 개의 OH^-을 생성하므로 순수한 물은 [H^+] = [OH^-]이다. 만일 산이나 염기의 용질이 존재하면 [H^+]와 [OH^-]는 다르다. 브뢴스테드-로우리(Brönsted-Lowry)는 생물학적 관점에서 산을 프로톤 공여체(proton donor), 염기를 프로톤 수용체(proton acceptor)로 정의하였다.

산성 용액(acidic solution)은 [H^+]가 [OH^-]보다 더 크고, 염기성 용액(basic solution)은 [OH^-]가 [H^+]보다 더 크고, 중성 용액(neutral solution)은 [OH^-] = [H^+]이다.

3) pH

수용액중의 [H$^+$]와 [OH$^-$]는 그 양이 매우 적어 표현이 어렵기 때문에 쇠렌센(Sörensen)은 각각 pH{[H$^+$]의 음대수(-log[H$^+$])}와 pOH{[OH$^-$]의 음대수(-log[OH$^-$])}로 간단히 표현하였다.

$$pH = -\log[H^+]$$
$$pOH = -\log[OH^-]$$

[H$^+$]와 [OH$^-$]를 곱하면 1×10^{-14}이 되므로 pH + pOH = 14이다. [H$^+$], [OH$^-$], pH, pOH 사이의 관계는 다음과 같이 나타낼 수 있다.

pH 척도를 보면, pH는 0 이하일 수 있고, 14보다 더 클 수도 있다. pH 기(-)(pH<0)라는 것은 [H$^+$]가 1 M보다 더 크다는 것을 의미하며, pH가 14 이상(pH>14)은 [H$^+$]가 10^{-14} M 이하임을 의미한다. 하지만 이러한 극단적인 pH는 자주 볼 수 없다.

"산"과 "산성 용액"을 구분하는 것도 중요하다. 산성 용액은 염기보다 산을 더 많이 포함하고 있으며, pH는 7 이하이며, [H$^+$]가 [OH$^-$]보다 더 크고 1×10^{-7} M보다 더 크다는 것을 가리킨다. 산은 용액에 있지 않다면 해리되지 않기 때문에, 그것은 [H$^+$]나 pH를 갖지 않는다. 산이 용액에 첨가될 때 pH를 낮출 것이다. 그러나 양이 적으면 용액을 산성화하지 못한다.

pH 7은 중성(neutral)으로 정의된다. 이것은 특정 용액에 [H$^+$]가 10^{-7} M이 있음을 의미한다.

$$pH = -\log[H^+] = -\log(10^{-7}) = -(-7) = 7$$

pH 척도에서 한 숫자는 앞뒤 숫자보다 [H$^+$]가 10배 더 크거나 작다. 예를 들면, pH 2(10^{-2}M)는 pH 3(10^{-3}M)보다 [H$^+$]가 10배 더 크다.

4) 강산과 약산

강산(strong acid)은 프로톤에 대한 친화성(affinity)이 매우 작아 쉽게 이온화하고 프로톤을 잃는다. 염산(hydrochloric acid, HCl), 질산(nitric acid, HNO_3), 황산(sulfuric acid, H_2SO_4), 과염소산(perchlori acid, $HClO_4$)이 대표적인 강산이다. 이러한 강산은 다음과 같이 이온화된다.

$HCl \rightarrow H^+ + Cl^-$

└ 100% 이온화

약산(weak acid, HA)은 자신의 프로톤에 대한 친화성이 커서 강산처럼 프로강염기(strong base)는 프로톤에 대한 친화성이 커서 용액에서 프로톤을 쉽게 받아톤을 쉽게 내놓지 않는다. 따라서 약산은 매우 제한된 양만 H^+와 짝염기(conjugated base)인 A^-로 이온화되고, 대부분의 약산은 이온화되지 않은 채로 남는다. 아세트산(acetic acid)의 경우는 약 99%가 이온화되지 않는다.

$HA(약산) \rightleftarrows H^+ + A^-$

└ 제한된 이온화

마찬가지로, 약염기(weak base)는 프로톤에 대한 친화성이 거의 없는 물질로서 정의된다. 따라서 약염기는 용액에 있는 프로톤을 쉽게 받아들이지 않는다.

약산은 각각 고유의 일정한 비율로 해리된다. 이러한 비율을 해리 상수(dissociation constant, Ka)라고 한다. 해리 상수는 1이하의 소수점 값을 갖기 때문에 Ka에 음의 대수(-log)를 붙여 'pKa = -logKa'로 나타낸다.

$HA(약산) \rightleftarrows H^+ + A^-$(짝염기)

└ Ka

여기서 Ka = 해리 상수 = 생성물/반응물   Ka = $[H^+][A^-]/[HA]$

해리 상수는 보통 $10^{-2} \sim 10^{-8}$이며, 약산의 상대적 강도를 가리킨다. 예를 들어 해리 상수가 10^{-8}이면 매우 적은 양이 H^+와 A^-로 해리한다는 것을 의미한다. 이 값은 소수점이기 때문에 표현하기가 난해하다. 따라서 pKa를 사용한다.

pKa = $-$logKa 이므로, pKa = $-\log(10^{-8})$ = $-(-6)$ = $+6$

생물학적으로 중요한 무기 약산은 인산(phosphoric acid, H_3PO_4)과 탄산(carbonic acid, H_2CO_3)이며, 인산의 pKa는 2.15이며, 탄산의 pKa는 6.35이다. 대표적인 약산들의 해리 상수 Ka와 그에 대응하는 pKa 값 표이다.

약산	해리 상수(Ka)	pKa값
아세트산(CH_3COOH)	1.8×10^{-5}	4.76
포름산(HCOOH)	1.8×10^{-4}	3.75
시트르산($C_6H_8O_7$)	7.4×10^{-6}	5.13
벤조산(C_6H_5COOH)	6.3×10^{-5}	4.19
말산($C_4H_6O_4$)	1.4×10^{-5}	4.85
히드로사이안산(HCN)	6.2×10^{-10}	9.21
황산수소염(HSO_4-)	1.0×10^{-2}	2.0

3. 완충계

완충계(buffer system)란 과다한 산 또는 염기가 첨가될 때 pH의 변화에 저항이 있는 화학 시스템이다.

완충 용액은 보통 약산과 그의 짝염기(conjugated base)로 구성된 용액이다. 완충 작용을 설명하겠다.

1. 약산(HA)이 있다고 가정한다.
2. 우리는 이 약산이 매우 조금만 해리한다는 것을 알고 있다.

$$HA \rightleftarrows H^+ + A^-$$

3. 따라서 대부분의 약산은 HA의 형태로 있고 일부만 H^+와 A^-로 존재한다
4. 여기에 과잉의 강염기(OH^-)를 첨가한다.
5. 다음과 같은 반응이 나타난다.

$$HA \rightarrow H^+ + A^-$$
$$\downarrow + OH^-$$
$$H_2O$$

6. 과잉의 OH^-이 첨가됨으로써 OH^-은 H^+와 결합하여 물을 형성한다(중화반응).
7. 이것은 평형 상태에 혼란을 일으키고 HA가 더욱 해리하도록 한다.
8. 새로 생성된 H^+은 OH^-과 더욱 반응하여 H_2O를 생성한다. 이 과정은 OH^-이 모두 중화될 때까지 진행된다.
9. 따라서 농도가 감소하고 A^-는 증가한다. 만일 충분한 HA가 존재한다면 과잉의 OH^-를 중화하여 PH는 변하지 않을 것이다.

완충 용액이 우리 몸에 끼치는 영향에 대한 예시가 있다.

헨더슨-하셀바흐 식(Henderson-Hasselbalch equation)은 3개의 인자 중 2개를 안다면 나머지 알 수 없는 1개의 인자를 해결할 수 있게 해준다.

약산의 해리와 완충의 개념을 헨더슨-하셀바흐 식(Henderson-Hasselbalch equation)을 사용하여 요약하면 다음과 같다

1. 약산(HA)이 있다고 하자. 그러면 다음과 같이 해리한다.

$$HA + H_2O \overset{K_a}{\rightleftarrows} H_3O^+ + A^-$$

여기서 $K_a = \frac{[H_3O^+][A^-]}{[HA]}$, 그리고 $[H_2O] = 1$

2. 위 식을 재배열한다.

$$K_a [HA] = [H_3O^+][A^-]$$
$$\frac{K_a[HA]}{[A^-]} = [H_3O^+]$$

3. 양변을 바꾼다.
$$[H_3O^+] = K_a \frac{[HA]}{[A^-]}$$

4. 양변에 대수를 취한다.
$$\log[H_3O^+] = \log(K_a) + \log\frac{[HA]}{[A^-]}$$

5. 양변에 -1을 곱한다.
$$-\log[H_3O^+] =- \log(K_a) - \log\frac{[HA]}{[A^-]}$$

6. $PH =- \log[H_3O^+], pK_a =- \log(K_a)$ 이다.

7. 따라서 $PH = pK_a - \log\frac{[HA]}{[A^-]}$
$$PH = pK_a + \log\frac{[A^-]}{[HA]} \text{ (Henderson - Hasselbalch)}$$

위는 헨더슨-하셀바흐 식(Henderson-Hasselbalch equation)을 pH, pK_a, HA, A^- 농도 사이의 관계를 기술한 것이다.

4장

탄수화물

    탄수화물이란 단백질, 지방과 함께 3대영양소 중의 하나로 우리 몸에서 힘을 나게 하는 영양소이며 뇌와 심장 등의 주요기관에 꼭 필요하다. 이러한 탄수화물은 필요량 이상으로 섭취했을 경우 식후 혈당을 높일 뿐 아니라 과잉열량이 쌓이게 되어 체지방이 증가하게 되고 혈액 내 중성지방의 수치를 높이거나 좋은 콜레스테롤(HDL 콜레스테롤)을 낮출 수 있다. 하지만 충분히 섭취하지 않을 경우 근육이 손실되거나 지방이 분해되면서 케톤체가 쌓이고 저혈당을 유발할 수 있으므로 적절한 양의 섭취가 중요하다. 탄수화물(carbohydrate)은 기본적으로 탄소(C)와 수소(H)와 산소(O)로 구성된 화합물로서 '탄소와 물의 화합물'이란 뜻을 지닌다. 일반식은 $(CH_2O)_n$ 으로 나타낸다. 탄수화물은 당질 이라고도 부른다.

    현재 탄수화물은 폴리하이드록시알데히드(polyhydroxyaldehydes)나 폴리하이드록시케톤(polyhydroxyketones) 또는 가수 분해 시 이러한 화합물을 생성하는 물질로 정의하고 있다. 여기서 '폴리하이드록시' 란 화학에서 주로 사용되는 용어로, 여러 개의 하이드록시기(-OH그룹)가 있는 화합물을 의미한다. "하이드록시"는 수산화기라고도 불리며, 산소 원자와 수소 원자가 결합된 구조이다. 폴리하이드록시 화합물은 이 하이드록시기가 두 개 이상 결합된 구조를 가지고 있다.

탄수화물과 관련된 질병 상태는 고혈당증과 저혈당증이 있다.

1. 탄수화물의 분류

탄수화물은 분자의 구성 상태 및 크기에 따라 단당류, 이당류, 올리고당류 및 다당류로 분류한다.

삼탄당	글리세르알데히드, 다이하이드록시아세톤
오탄당	리보스, 데옥시리보스, 자일로스
육탄당(알도스)	포도당, 갈락토스, 만노스
육탄당(케토스)	과당

1) 단당류

단당류는 탄수화물의 가장 기본적인 단위 이며 단순당 이라고도 불린다. 단당류란 용액을 산성에서 가열했을 때 더 이상 분해되지 않는 가장 단순한 구조의 당이다. 이것은 탄소의 수에 따라 다시 세분화 된다. 탄소 수가 3개이면 삼탄당, 4개이면 사탄당, 5개이면 오탄당, 6개이면 육탄당이라고 한다. 당을 가리키는 영어 이름에는 보통 접미어 "-ose"가 붙는다. 알데하이드기를 갖고 있으면 알도스, 케톤기를 갖고 있으면 케토스라고 부른다.

- 선형 단당류

단당류는 하나의 카보닐기(-C=O) 및 나머지 탄소 원자 각각에 하나의 하이드록시기(-OH)를 갖는 가지가 없는 선형의 탄소 골격을 갖는다. 그러므로 단당류의 분자 구조는 H(CHOH)n(C=O)(CHOH)mH, 여기서 n + 1 + m = x 로 나타낼 수 있고, 따라서 CxH2xOx 로 표기할 수 있다.

- 이성체

분자를 구성하는 원자의 종류와 각각의 원자 수가 동일한 화합물을 이성체 라고 한다. 구조식이 같고, 공간적 구조가 다른 화합물을 입체 이성체라고 한다. 입체 이성체의 한 가지로 두 분자가 물리화학적 성질은 같지만, 서로 거울을 보고 있는 것 같은 구조를 하고 있을 때, 이것을 광학 이성체(optical isomer)라고 한다.

동일 분자식을 가지면서 성질이 다른 것으로서 이성(질)체(isomer)라고도 한다.

분자식 또는 화학식이 같아도 구조가 다르기 때문에 물리적 성질 또는 화학적 성질이 다른 물질이 2개이상 존재할 때 그것들을 서로 이성질체라고 하며, 그런 현상을 이성질 현상이라고 한다.

탄소 원자는 4개의 결합수를 갖는데, 4개가 모두 서로 다른 원자나 원자단과 결합해 있을 때, 그 탄소 원자를 부제 탄소 또는 비대칭 탄소라고 한다. 분자가 부제 탄소를 가지면 광학 이성체가 될 수 있다.

- D형과 L형

단당류의 직선 구조식(Fisher projection formula)의 마지막 부제 탄소에 '-OH'기가 오른쪽에 있으면 D형이라고 하고, 왼쪽에 있으면 L형이라고 한다.

- 당의 고리 구조

오탄당이나 육탄당 이상의 당은 용액에서 고리 구조가 직선 구조보다 더 안정하다. 알데하이드기나 케톤키는 분자 내의 알코올기와 반응하여 각각 헤미아세탈과 헤미케탈을 형성한다.

• α형과 β형

고리 구조식에서 1번 탄소가 새로운 부제 탄소가 되며, 이 탄소를 아노머탄소라고 한다. 이러한 아노머 탄소에서 배치가 다른 이성체를 아노머(anomer)라고 하며, '-OH'기가 고리 중의 '-O-'쪽 (고리 구조에서는 아래쪽)에 있는 것을 α형, 반대쪽(고리 구조에서는 위쪽)에 있는 것을 β형이라고 한다.

• 에피머

D형과 L형을 결정하는 마지막 부제탄소와 아노머 탄소를 제외한 탄소 원자(포도당의 경우 2,3,4번 탄소)에서 배치가 다른 것을 에피머(epimer)라고 한다. D-포도당과 D만노스는 2번 탄소에 대한 에피머이며, D-포도당과 D-갈락토스는 4번 탄소에 대한 에피머이다.

생리적으로 중요한 단당류

• 삼탄당

탄소수가 3개인 가장 작은 단당류이며, 알도스와 케토스 2종류가 있다. 알도스는 글리세르알데하이드, 케토스는 디하이드록시아세톤이다. 글리세르알데하이드는 카보닐기가 사슬 말단에 위치한 알도트라이오스이며, 디하이드록시아세톤은 카르보닐기가 사슬 중간에 위치한 케토트라이오스이다. 이들의 인산화 물질은 해당 작용의 중간 대사 물질이다.

• 사탄당

탄소수가 4개인 단당류이며, 에리트로스는 그 인산화 물질이 펜토스 인산 회로의 중간 대사 물질이다.

• 오탄당

탄소수가 5개인 단당류이며 리보스라고 한다. 예를 들면 ATP, NAD, NADP, 플라보단백질, RNA의 리보뉴클레오타이드 성분의 중요 구성 성분이며, 리불로스는 리보스에 상응하는 오탄당 구조를 갖는 단당류인데 이는 펜토스 인산 회로의 중간 대사물질이다. 아라비노스는 아라비아 고무에, 자일로스는 목재 고무에 존재한다. D-자일로스의 인산 화합물은 오탄당 인산 경로의 중간 대사물질이다.

• 육탄당

탄소수가 6개인 단당류이며, 알도스와 케토스가 있고 생물계에 가장 널리 분포하는 단당류이다. 포도당을 비롯해 갈락토스, 설탕, 과당 등이 대표적이다. 포도당은 단당류로도 존재하지만, 맥아당, 설탕, 젖당 같은 이당류의 성분, 그리고 녹말 및 글리코젠 같은 다당류도 성분이 된다.

① 포도당

포도당은 알데하이드기를 갖고 있는 육탄당이다. 즉 알도헥소스로서 덱스트로스로 불리기도 한다. 친수성이며, 대부분의 유기용매엔 녹지 않는다. 곡류나 과일 같은 탄수화물 음식을 먹으면 소화기관을 거치면서 체내에 흡수되기 위해 잘게 분해되는데 이 분해된 물질로 뇌, 신경, 폐 조직에 있어서 주된 에너지원으로 사용된다. 우리의 인체는 포도당을 분해하여 ATP를 얻는다. 산소가 공급되지 않으면 1~2분 ATP의 고갈로 괴사가 일어나기 시작하기 때문에, 인체에 주요 에너지 연료이며 임상적으로 중요한 당이다. 의학 분야에 많이 사용되는 혈액 속의 포도당(혈당)은 인슐린에 의해 에너지원으로 이용되거나, 간과 근육, 지방조직 등에 저장되는데, 지나치게 많으면 소변으로 포도당이 넘쳐 나온다. 이를 당뇨병이라고 한다. 정상 성인의 혈당치는 70~105mg/dL이다. 정상인의 경우 혈당이 증가하면 췌장의 베타세포에서 인슐린이 만들어지며, 혈당을 체내의 세포 속으로 들어가게 하여 에너지를 만드는 연료로 사용하게 한다. 이로 인해 혈당이 저하된다. 하지만 당뇨병 환자는 스스로 인슐린을 만들어 공급할 수 없거나 췌장의 인슐린이 저하되기 때문에 혈액 속 포도당(혈당)이 증가한 상태가 장시간 유지되는데 이러한 상태를 고혈당이라고 한다. 정상인은 콩팥에 피를 거를 때 핏속에 있는 포도당은 100% 걸러진다. 하지만 당뇨병이 있으면 콩팥 요세관의 재흡수 용량인 160~180mg/dL을 초과해 100% 재흡수를 못 하게 된다. 이러한 소변을 당뇨라고 한다.

② 갈락토스

갈락토스는 포도당의 이성체이며 알도헥소스이다. 갈락토스와 포도당은 에피머 관계에 있다. 이 두 분자는 모두 $C_6H_{12}O_6$의 분자식을 가지고 있지만, 글루코스의 4번째 탄소에 있는 하이드록실 그룹이 갈락토스에서는 반대 방향으로 배치되어 있다

우리 몸이 기능하는데 필요한 중 당의 하나로 젖당의 구성 성분이다. D-갈락토스는 간에서 에피머레이스라고 하는 특수한 효소에 의해 D-포도당으로 전환된다. 갈락토스는 어떤 당지질이나 당단백질의 성분으로서 존재한다.

심한 선천성 질환으로 갈락토스 혈증이 있는데, 이는 인체 내의 중요한 효소 대사의 결핍으로 체내에 갈락토오스(유당)와 그 대사산물이 축적되어

생 후 즉시 발육부전, 구토, 황달, 설사증상 등이 나타나고 치료하지 않으면 백내장, 정신지체 등을 보이다가 결국은 간경변으로 사망하게 되는 영아 질환이다. 이때 갈락토스는 소변으로 배설되어 갈락토스뇨가 된다.

③ 과당

과당은 케토헥소스이며 6개의 탄소 원자가 포함된 단당류이고, 화학식은 포도당, 갈락토스와 마찬가지로 $C_6H_{12}O_6$이다. 과당은 과일과 꿀에 많이 들어 있다. 과당의 영문명(fructose)도 과일(fruits)에서 따온 것이다. 과당은 일반적인 당들 가운데 단맛이 가장 강하며 물에 가장 잘 용해되고 물을 가장 효과적으로 흡수하고 간직한다. 과당은 이당류인 설탕이나 뚱딴지에 존재하는 다당류인 이눌린이 가수 분해할 때 생긴다. 과당 비대성 질환인 과당혈증은 과당의 대사에 필요한 효소인 과당-1-인산 알돌레이스 결핍에 의해 유발되는 선천성 질환이다. 부모가 이러한 장애를 유발하는 결함 유전자를 자녀에게 물려줄 때 발생하며 이 질환에 걸린 영아는 저혈당증을 비롯한 구토와 심한 영양실조를 나타낸다.

단당류 유도체

• 아미노 당

수산기가 아미노기로 치환된 당. 자연계에 널리 존재하는 것은 글루코사민과 갈락토사민이며, 주로 다당류의 성분으로서 발견된다. 아미노당을 함유하는 다당류를 특히 뮤코다당류라 하며, 동물의 결합조직이나 세포막의 성분으로서 널리 분포한다.

체내에는 아미노기에 N-아세틸기가 결합한 것이 있는데, 대표적인 것이 N-아세틸글루코사민이다.

• 디옥시 당

당 분자 내 하나 이상의 하이드록시기가 수소 원자로 치환된 화합물을 말하는 것이다. 이것은 DNA에도 존재한다. 디옥시리보스는 화학식이 H−(C=O)−(CH$_2$)−(CHOH)$_3$−H 인 단당류이다.

• 당의 산화물

최종 당화 산물(AGEs)는 당이 결합된 지방이나 단백질을 말한다. 이 물질은 노화와 관련된 물질로 당뇨, 동맥경화, 만성신부전, 알츠하이머병 등의 퇴행성 질환을 진행, 악화시킨다. 카르복실기를 가진 유도체로, 1번 탄소는 알데히드만 산화된 형태를 알돈산, 가장 큰 탄소 원자가 산화하여 카르복실기로 된 것이 우론산이고, 양쪽 다 산화된 형태를 알다르산이다. 포도당을 예로 들면 알돈산은 글루콘산이고, 우론산은 글루쿠론산이고, 알다르산은 글루카르산 또는 사카르산이다.

• 글리코시드(배당체)

글리코사이드 결합은 당의 헤미아세탈과 알코올과 같은 일부 화합물의 하이드록시기 사이에 형성된다. 글리코사이드 결합을 포함하고 있는 물질은 배당체이다. 그 아세탈의 화합물을 배당체 또는 글리코시드라고 한다. 항생제인 스트렙토마이신이나 강심제인 디기톡신은 글리코시드이다.

2) 이당류

두 분자의 단당류가 글리코시드결합에 의해 형성된 물질이다. 그 특징들을 살펴보면 다음과 같다.

− 설탕(수크로스)은 포도당과 과당의 알파−1,2 글리코시드결합이고, 수크라아제라는 효소에 의해 쉽게 포도당과 과당으로 분해시킬 수 있다.

- 맥아당(말토스)은 두분자의 포도당이 알파-1,4 글리코시드결합이고, 곡류, 맥주 등에 함유되어있다. 맥아당은 아밀라아제와 말티아제라는 효소에 의해 분해된다. 전분을 소화하는 과정에서 중간산물이 맥아당이다.

- 젖당(락토스, 유당)은 포도당과 갈락토스의 베타-1,4 글리코시드결합이고, 단맛이 약하고 물에 잘 녹지 않는다. 젖당은 락테이즈라는 유당 분해 효소에 의해 분해된다. 선천적으로 락테이즈가 부족한 사람들은 유당 소화가 되지 않아 우유 등을 먹었을 때 유당불내증이 일어날 수 있다.

이당류중에서 과당은 과일, 꿀, 그리고 일부 채소에 널리 존재하며 사탕무와 사탕수수에서 가장 많이 발견된다

3) 올리고당류

가수분해에 의해 3~6분자의 단당류를 생성하는 화합물 올리고당류라고 한다.

올리고당류는 단순 당 분자가 아니라 단백질이나 지질과 결합된 상태로 존재한다.

그중 당단백질을 구성하는 당질은 만노스, 갈락토스, N-아세틸갈락토사민(N-acetylgalactosamine), N-아세틸글루코사민(N-acetylglucosamine), 아라비노스(arabinose), 자일로스(xylose), 푸코스(fucose), 시알산(sialic acid)등이 있다.

올리고당류는 탄수화물 저장과 이동, 세포 간의 신호전달, 세포분화와 발달 조절, 병원체에 대한 방어반응 등 에너지원뿐만이 아니라 중요한 생리적 기능을 수행한다.

4) 다당류(polysaccharide)

단당류가 결합하여 형성된 중합체이다. 다당류의 특성은 매우 크고, 물에 녹지 않고, 맛이 없으며 구리(Ⅱ)이온을 환원시키지 못한다. 펜토산은 오

탄당으로 구성된 다당류이고 헥소산은 육탄당으로 구성된 다당류이다.

다당류의 분류

고분자	구성당	글리코시드 결합	생물학적기능
아밀로스(녹말)	포도당(α)	α-1,4	에너지 저장(식물)
아밀로펙틴(녹말)	포도당(α)	α-1,4, α-1,6	
글리코겐	포도당(α)	α-1,4, α-1,6	에너지 저장(동물)
셀룰로스	포도당	β-1,4	식물의 세포벽
키틴	NAG	β-1,4	균류의 세포벽, 절지동물의 외골격
펩티도글리칸	NAM+NAG	β-1,4	세균의 세포벽
슈도펩티도글리칸	NAG+α	β-1,3	고세균의 세포벽

위의 표에서 녹말, 글리코겐은 저장용 다당류이고 셀룰로스, 키틴, 펩티도글리칸, 슈도글리칸은 구조용 다당류이다. 저장용 다당류는 α-글리코시드 결합을 하고, 구조용 다당류는 β-글리코시드 결합을 한다. 그리고, 저장용 다당류는 나선형 구조이고 안쪽에 물이 들어가서 푹신푹신하게 된다. 구조용 다당류는 서로 다른 다당류들끼리 수소결합으로 안정하고 단단한 구조를 만들게 된다.

저장다당류

녹말은 포도당 한 종류로만 구성된 식물성 다당류(글루코산)이다. 녹말은 아밀로스와 아밀로펙틴이 섞여있는 혼합물인데 그중 아밀로펙틴이 80~85% 그리고 아밀로스가 나머지 15~20%를 차지한다. 아밀로스는 포도당과 포도당이 α-1,4 글리코시드 결합에 의해 구성된 녹말이고 이로 인해 가지가 만들어져 덤불나무처럼 복잡한 모양을 나타내는 녹말이 아밀로펙틴이다. 녹말은 물에 녹지 않고 아이오딘과 반응하면 진한 청색을 띤다.

녹말은 전체 탄수화물의 80%를 차지하는 쌀, 옥수수, 밀과 같은 곡물에서 가장 많이 발견된다

덱스트린은 녹말이 가수분해되는 과정에서 생기는 물질이다. 아밀로덱스트린, 에리트로덱스트린, 아크루덱스트린, 말토덱스트린 등이 있다. 녹말과 이당류 사이의 있는 물질이 덱스트린이다. 덱스트린은 물에 잘 녹고 녹았을 때 약간의 점성이 있는 질감을 가진다.

아이오딘반응에서 녹말은 청색, 에리트로덱스트린은 적색, 분자량이 더 작아진 맥아당과 포도당은 무색을 나타낸다. 덱스트린은 감자와 같은 전분이 많은 음식을 구울 때 형성되는 다당류이다.

글리코젠은 동물성 녹말이며 포도당으로만 구성된 글루코산이다. 아밀로펙틴과 유사하지만 아밀로펙틴보다 글리코젠이 포도당-α-1,6결합이 더 많다.

아이오딘반응은 자색을 띤다. 글리코젠은 세포에서 포도당으로부터 형성되고 이 과정을 글리코젠 합성이라고 한다. α-아밀레이스는 α-1,4글리코시드 결합만 분해해서 글리코젠은 α-아밀레이스에 의해 분해되지 않는다.

• 헤파린

헤파린은 혈액의 응고를 방지하는 항응고제(anticoagulant)로서 사용되고 있는 다당류이다. 헤파린은 고등동물의 간이나 폐 등 모세혈관이 많은 장기 및 혈액 속에 존재하며 분자량은 약 2만이다. 헤파린은 글루쿠론산과 아미노기와 수산기에 황산기로 구성된 글루코사민이 기본단위가 된다. 헤파린은 인체에 존재하는 가장 강한 유기산이다

- 셀룰로스

목제, 면, 종이의 주성분은 셀룰로스(cellulose)이다. 셀룰로스는 모든 식물의 1차적인 구조 성분이며, 지구 표면에 가장 많은 탄수화물이다. 면섬유의 셀룰로스 함량은 90%이고, 목재의 셀룰로스 함량은 40~50%이다. 식물로부터 유래된 셀룰로스는 일반적으로 헤미셀룰로스, 리그닌, 펙틴 및 다른 물질들과의 혼합물로 발견이 된다.

α-아멜레이스는 α-1,4 글리코시드 결합만을 분해하기 때문에 β-1,4 글리코시드 결합으로 구성된 셀룰로스는 α-아멜레이스에 의해 분해되지 않는다. 셀룰로스는 물이나 대부분의 용매에 녹지 않으며, 아이오딘(요오드) 반응에서 색깔을 형성하지 않는다. 면섬유를 수산화나트륨 용액으로 처리하고 펴서 말리면 그 섬유는 고도의 광택을 내는데 그러한 면을 광택 가공 무명이라고 한다.

셀룰로스는 식품과 제약에서 많이 사용되는데, 셀룰로스 분말은 식품 첨가물로써 유호제 및 안정제로 널리 사용된다. 제약 산업에서 셀룰로스 분말은 정제의 부형제로 사용되어 결합, 분해 특성을 제공하며, 코팅에도 사용된다.

- 이눌린

이눌린은 천연 식이섬유의 한 종류로, 여러 식물에서 발견된다. 과당의 한 종류만으로 구성된 프룩토산(fructosan) 다당류이다. 이눌린은 소화 고정에서 소장에서 분해되지 않고 대장까지 도달하여 유익한 미생물의 먹이로 활용된다. 이눌린은 프로바이오틱스로 작용하여 장내 유익균인 비피도박테리아와 락토바실러스의 성장을 촉진시킨다. 이를 통해 변비를 예방하고 배변 활동을 원활하게 한다. 또한 이눌린은 소화와 흡수가 느려 혈당 스파이크를 줄이는데 도움을 준다. 이눌린은 단맛이 약간 있어 설탕 대체제로 사용되기도 한다.

• 덱스트란

덱스트란은 설탕에서 자란 세균에 의해 생성되는 다당류이다. 의학 분야에서 덱스트란은 혈액의 수분을 유지시키고 혈액량을 증가시키는 데 사용되고 있다. 이빨의 표면에 덱스트란이 축적되면 플라크(plaque)가 생긴다. 덱스트란은 혈액 대체제로도 사용되고 아이스크림 등 식품의 정성 유지제로도 사용된다.

2. 당의 성질

1) 당도

당 및 기타 화합물의 상대적 당도

과당	175	설당	100
갈락토스	32	아스파르탐	15,000
포도당	75	사이클리메이드	3,000
젖당	16	사카린	35,000
맥아당	32		

2) 환원성

알데하이드기와 케톤기를 갖고 있는 단당류나 이당류는 구리나 철 이온을 환원시킬 수 있는데, 이러한 당을 환원당(reducing sugar)이라고 한다. 모든 단당류는 환원당이라고 볼 수 있는데 반대로 비환원당에 속하는 것은 대표적으로 설탕, 라피노스(raffinose), 멜레치토스(melezitose) 등이 있다.

포도당 + Cu^{2+}(청색) → 환원 구리(Cu^+, 적색-오렌지색 침전물) + 글루콘산

3) 발효

포도당과 과당은 효모(yeast)의 존재 하에 에탄올과 이산화탄소를 형성하는데, 이를 발효(fermentation)라고 한다. 갈락토스는 쉽게 발효되지 않으며, 오탄당은 효모가 있더라도 발효되지 않는다.

$$C_6H_{12}O_6 \rightleftarrows 2C_2H_5OH + 2CO_2$$

이당류인 맥아당과 설탕은 효모가 존재할 때 발효된다. 왜냐하면 효모는 엿당과 설탕을 각각 가수분해하는 효소인 슈크레이스(sucrase)와 말테이스(maltase)를 갖고 있기 때문이다. 에탄올은 단백질을 변성시키는 작용이 있어서 병원에서 소독약으로 많이 사용하고 있다. 소독용 알코올로는 70% 알코올이 사용되고 있다. 70% 알코올은 서서히 단백질을 응고시키기 때문에 세균의 내부까지 잘 침투하여 세균의 모든 단백질을 응고시킨다. 메탄올(methanol)은 우드 알코올(wood alcohol)이라고도 하는데, 이것은 보통 공업용으로 사용된다.

5장

지질

1. 지질의 성질

지질은 생물에서 기원하는 생체분자(biomolecule)로서 다음과 같은 일반적인 성질을 가진다. 첫 번째, 물에 불용성이다. 두 번째, 에테르(ether), 아세톤(acetone), 클로로포름(chloroform), 사염화탄소(carbon tetrachloride)와 같은 비극성 유기용매에 용해된다. 세 번째, 기본적인 구성 원소는 탄소, 수소, 산소이며, 간혹 질소와 인을 포함하고 있다. 네 번째, 대부분의 경우, 가수분해에 의해 지방산을 생성하거나 에스테르를 형성하기 위해 지방산과 결합한다. 다섯 번째, 식물과 동물 대사에 관여한다.

2. 지방산

단순 지질과 복합 지질은 가수 분해 시 지방산(fatty acid)을 생성한다. 지방산의 화학구조는 4~24개의 탄소원자를 갖는 긴 사슬로, 양쪽에 극성(친수성) 머리인 카르복실기(-COOH)와 비극성(소수성) 꼬리인 탄화수소 사슬로 구성되어 있다. 이렇게 지방산은 친수성과 소수성을 함께 지닌 양성 분자(amphipathic molecule)이다. 자연상태의 지방산은 보통 짝수의 탄소를 가지고 있으며, 보통 16개나 18개의 탄소를 갖는 형태가 가장 많다. 탄화수소 사슬이 단일 결합으로만 형성된 것을 포화 지방산(saturated fatty acid)이라고 하며, 탄화수소 사슬에 한 개 혹은 그 이상의 이중 결합을 갖고 있는 것을 불포화 지방산(unsaturated fatty acid)이라고 한다. 불포화 지방산 중 이중 결합이 2개 이상인 지방산은 다가 불포화 지방이라 한다.

불포화 지방산은 포화 지방산보다 녹는점이 더 낮다. 불포화도가 클수록 녹는점이 낮아진다. 18개의 탄소로 구성된 포화 지방산인 스테아르산(stearic acid)은 70°C에서 녹는다. 스테아르산과 똑같이 18개의 탄소로 구성되어 있지만 1개의 이중 결합을 갖고 있는 올레산(oleic acid)은 13°C에서 녹는다. 18개의 탄소로 구성되어 있으면서 2개의 이중 결합을 갖는 리놀레산(linolenic acid)은 -5°C에서 녹고, 3개의 이중 결합을 갖는 리놀렌산(linolenic acid)은 -10°C에서 녹는다. 이렇게 이중 결합이 많을수록 녹는점이 낮다.

지방산 구조에서 탄소 번호는 카르복실기부터 시작한다. 카르복실기 다음의 2번 탄소는 α탄소, 3번 탄소는 β, 4번 탄소는 γ탄소 그리고 마지막 탄소는 ω탄소가 된다. 인체에서 합성 되지 않는 지방산을 필수 지방산(eseential fatty acid)라 하며, 필수 지방산(essential fatty acid)에는 α-리놀렌산(omega-3 지방산)과 리놀레산(omega-6 지방산)이 있다. 이것은 인체에서 합성이 안 되기 때문에 음식물을 통해 얻어야 한다. 리놀레산은 옥수수, 목화씨, 땅콩 및 콩 기름에 풍부하고 올리브유나 코코넛유에는 없다. 영아의 음식물에 필수 지방산이 없으면 체중이 감소하고 습진이 생긴다. 이러한 상태는 옥수수기름이나 아마기름의 투여로 치료할 수 있다. 그러나 상품화된 끓인 아마기름에는 인체에 독성이 강한 일산화 납을 함유하고 있기 때문에 이 목적으로 사용하면 안 된다.

최근 서구화된 식습관으로 인해 포화 지방산 함량이 높은 육류와 가공식품의 섭취가 늘어나고 있으므로 포화 지방산의 섭취에 주의가 필요하다. 포화 지방산은 하루 총 열량의 7% 미만으로 권장되므로, 8~6세는 11g, 18~27세는 15g, 41~60세는 12g을 초과하여 섭취해서는 안된다. 포화 지방산을 과다 섭취하면 난소암, 유방암, 대장암, 췌장암 등의 발생 위험성이 증가한다. 또한 지방은 종류에 따라서도 암 발생에 미치는 효과가 다르다. 지방산 조성에 따른 암 발생률 조사에서 포화 지방산의 섭취가 증가할수록 암 발생률이 높았으나 n-3계 지방산의 섭취가 증가할수록 암 발생이 억제되는 것으로 나타났다. 이외에도 포화 지방산을 많이 섭취할수록 뇌기능 장애가 심해지고 학습능력이 떨어지는데, 이와 관련하여 포화 지방산의 섭취가 알츠하이머병, 파킨슨병 등 각종 퇴행성 질환의 원인이 된다.

또한 지질 섭취는 아토피 피부염과 관련성 있다. 학령 전 아동의 n-3 다가 불포화 지방산 섭취 감소로 적혈구 n-3 다가 불포화 지방산이 감소되며, 학령 전 아동의 아토피 피부염의 원인이 된다. n-6 지방산인 γ-리놀렌산, 달맞이꽃 종자유, 들기름 등의 섭취는 아토피 피부염 개선에 도움이 되며, γ-리놀렌산은 체내에서 대사되어 항염증인자인 PGE1(prostaglandin E1)을 생성하며, 세포막을 구성하는 지방산으로 흡수되어 세포를 활성화시켜 아토피 증상을 개선시킨다. 하지만 n-3 지방산 섭취가 지나치게 증가할 경우, n-6 지방산의 기능을 방해하여 중앙신경계에 직접 손상을 일으킬 수 있는 산화적 스트레스 증가 및 항산화 영양소의 감소를 초래할 수 있으므로, 두 지방산의 섭취에 유의해야 한다. n-6/n-3의 비율은 프로스타글란딘, 류코트리엔, 트롬복산, 에폭시화합물 등의 생성에 영향을 준다. 아토피 피부염에서 다가 불포화 지방산의 섭취 비율이 높을수록, 특히 n-6/n-3 지방산 섭취 비율이 높을수록 면역 지표의 불균형을 초래하며, 아토피

질환의 발병률 또는 위험률이 높다. 그러므로 아토피 피부염 아동은 n-6/n-3 지방산 비율을 낮출 수 있도록 n-6 지방산의 섭취는 줄이고 n-3 지방산의 섭취는 늘려 아토피 피부염 관리에 적절한 지방산 섭취의 균형을 이루어야 한다. 아토피 피부염 아동의 n-3 지방산의 주요 급원 식품은 콩기름, 들기름이다.

	포화 지방산			불포화 지방산				
	미리스트산	팔미트산	스테아르산	α-리놀렌산	올레산	리놀레산	기타	아이오딘가
목화씨 기름	0~3	17~23	1~3		23~44	34~55	0~1	103~115
옥수수 기름	0~1	8~10	1~4		36~50	34~56	0~3	116~130
콩기름		(합하여) 15			23	53	9	
들기름		6	1.6	63	14	14.6		
버터	8~13	25~32	8~13	4~11	22~29	3	3~9	26~45
돼지 기름	1	25~30	12~16		41~51	3~8	5~8	46~66

다음은 목화씨 기름, 옥수수 기름, 콩기름, 들기름, 버터, 돼지 기름 속에 어떤 지방산이 어떤 비율로 포함되어 있는 표이다.

불포화 지방산에 수소 원자가 이중결합되는 형태가 시스(cis)형 분자구조이면 '시스 지방산'(cis fatty acid)이고, 트랜스(trans)형 분자구조이면 '트랜스 지방산'(trans fatty acid)이 된다. 불포화 지방산은 액체 상태일 때 시스형 지방산을 더 많이 보유하지만, 경화 공정이나 열처리 가공 시 트랜스형 지방산이 더 많이 생성된다. 트랜스 지방산은 불포화 지방산이 건강에는 이로우나 빨리 산패되어 보관이 용이하지 않고 액체인 점을 보완하여 반고체화하고, 고소하고 바삭한 맛을 내기 위해 수소를 첨가하여 만든 것이다. 즉, 불포화 지방산 중 트랜스 구조로 분자가 이중결합하는 경우 트랜스 지방산으로 분류할 수 있다. 이때 트랜스형 분자구조는 단일결합된 포화지방산과 유사한 직선 형태를 나타내며, 이로써 포화 지방산과 유사한 성질을 띠게 된다. 포화 지방산은 체내에서 '나쁜 콜레스테롤(LDL 콜레스테롤, 이에 대한 설명은 본 장의 10. 지질단백질에서 기술하겠다.)'의 수치를 높이기 때문에 인체에 유해한 지방으로 인식되어 왔다.

올레산은 자연계에 시스(cis)형으로 존재한다. 이것의 트랜스(trans)형은 엘라이드산(elaidic acid)이라고 한다. 엘라이드산은 분자끼리의 인력이 높아져 녹는점이 높아진다.

영양학이나 의학에서는 지방산을 나타낼 때 그리스문자인 오메가 omega(ω)를 자주 사용하고 있는데, ω는 지방산의 카르복실기로부터 가장 멀리 떨어진 탄소부터 번호를 매긴다. 즉 메틸기의 탄소가 1번이 된다. 예를 들어 $\omega-3$ 지방산이란 $\omega-$말단으로부터 3번째와 4번째 사이에 이중 결합이 있는 지방산이다. 가장 흔한 $\omega-3$ 지방산은 아이코사펜타에노산 eicosapentaenoic acid(EPA)(20:5Δ5,8,11,14,17)과 $\alpha-$리놀렌산 $\alpha-$linolenic acid(18:3Δ9,12,15)이다. 지방산 기호 20:0은 탄소 수(20):이중 결합 수(0)를 가리키며, Δ의 오른쪽 어깨에 붙인 위첨자는 이중 결합을 이루는 탄소 번호로서 이 번호는 카르복실기로부터 시작하는 번호이다.

지방산의 생물학적 기능은 지방을 구성하는 역할 외에도 다양한 기능을 갖고 있다. 예를 들어, 대부분의 인지질(pgospgolipid)과 당지질(glycolipid)은 지방산을 포함하고 있다. 아라키돈산(arachidonic acid, 20:4, Δ5,8,11,14)은 아이코사노이드(eicosanoid) 합성 시 전구체로서 작용하며, 이것은 학습과 기억에서 중추적 역할을 하는 신경 세포에 의한 글루탄(glutamic acid)의 방출을 조절하는 것으로 알려져 있다. 글루탐신은 단백질을 구성하는 20가지 아미노산 중의 하나이지만 중추신경계는 주요 흥분성 신경전달물질(excitatory neurotransmitter)로써 작용한다. 아난다마이드는 에탄올아민(ethanol amine)과 아라키돈산이 아마이드 결합에 의해 형성된 분자이다. 이 지질은 테트라히드로카나비돌(tetrahydrocannabinol, 마리화나의 활성 성분)이 신경 세포막의 수용체에 결합할 때 내인성 리간드(endogeneous ligand)로서 작용하는 것으로 알려져 있다. 내인성 리간드란 체내에서 생성된 물질을 가리킨다. 시스-9-옥타데세노아마이드(cis-9-octadecenoamid)로 불리는 올레산(oleic acid)은 생리적 수면을 유도하는 신호 물질로 알려져 있다. 사람 젖에 있는 영양소인 도코사헥사에노산(docosahexaenoic acid, DHA; 22:6 Δ 4,7,10,13,16,19)은 태아나 미숙아에서 정상적인 뇌와 시력이 발달하는 데 있어서 필수 물질이다.

3. 지질의 분류

지질은 단순 지질(simple lipid), 복합 지질(complex lipid), 전구체와 유도체로 분류된다.

먼저 단순 지질에 대해 기술하겠다. 단순 지질은 지방산의 에스테르(ester)이다. 단순 지질의 가수 분해는 단순 지질+H_2O→지방산+알코올이다. 만일 단순 지질을 가수 분해하여 3개의 지방산과 글리세롤(glycerol)이 생성되면, 이러한 단순 지질을 지방(fat) 또는 기름(oil)이라고 한다. 가수 분해에 의해 지방산과 고분자량의 1가 알코올(monohydric alcohol)이 생성되는 단순 지질을 왁스(wax)라고 한다. 왁스의 반응식은 $RCOOH+R'OH \rightarrow RCOOR'+H_2O$이다.

다음으로 복합 지질에 대해 기술하겠다. 복합 지질은 가수 분해할 때 지방산과 알코올 외에 다른 물질이 생성되는 지질을 말한다. 대표적인 복합 지질은 인지질(phospholipid)과 당지질(glycolipid)이다. 인지질을 가수 분해하면 인지질+H_2O→지방산+알코올+인산+질소 화합물과 같은 반응식이 나온다. 인지질은 크게 알코올이 글리세롤(glycerol)인 인산글리세라이드(phosphoglyceride)와 알코올이 스핑고신(sphingosine)인 인산스핑고사이드(phosphosphingoside)로 나뉜다. 당지질(당스핑고지질glycosphingolipid)을 가수

분해하면 당지질+H_2O→지방산+탄수화물+스핑고신(질소 함유 알코올)이다.

다음은 지질 전구체 및 유도체에 대한 기술이다. 지질 전구체는 단순 및 복합 지질이 가수 분해될 때 생성되는 화합물이다. 지방산, 글리세롤, 스핑고신 및 기타 알코올이 지질 전구체에 해당한다. 지질 유도체는 지방산의 대사 변형에 의해 형성된 것으로 케톤체(ketone body), 스테로이드, 지방 알데하이드(fatty aldehyde), 프로스타글란딘(prostaglandin) 및 지용성 비타민이 이것에 해당한다.

4. 지방 및 기름

기름은 일반적으로 실온에서 액체인 짧은 또는 불포화 지방산 사슬을 가지고 있는 지질이고 지방은 실온에서 고체인 지질을 지칭한다.

지방은 3가 알코올인 글리세롤과 지방산이 결합하여 형성된 에스테르이며, 지방은 탄소, 수소, 산소로 구성되어 있으며 물에는 녹지 않고 유기용매에 녹는 물질이다. 지방산은 지방을 구성하는 성분으로, 대부분의 지방산은 탄소수가 짝수이며 직선으로 연결되어 있다. 글리세롤에 지방산 1개가 결합한 것이 모노글리세라이드, 2개가 결합한 것이 디글리세라이드, 3개가 결합한 것이 트리글리세라이드이다. 지방산의 불포화도가 증가하면 녹는점이 감소한다. 녹는점이 실온 이하인 지방을 기름이라 한다. 한 분자의 글리세롤에 결합하는 지방산은 3개가 모두 다를 수 있고 포화와 불포화 지방산이 섞여있을 수 있다.

불포화 지방과 기름은 아이오딘과 쉽게 결합하지만, 포화 지방과 기름은 쉽게 결합하지 못한다. 따라서 불포화 지방이 많을수록 아이오딘과 더 잘 반응한다. 지방과 기름의 아이오딘가란 지방이나 기름에 존재하는 이중 결합과 반응한 아이오딘의 중량이다. 지방과 기름의 불포화도가 높을수록 아이오딘가는 더 높아진다. 동물성 지방은 식물성 기름보다 낮은 아이오딘가를 갖는데, 이것은 식물성 기름이 동물성 지방보다 더 불포화되어 있다는 것을 가리킨다.

아이오딘가가 높은 기름은 융점이 낮고, 이중결합이 많기 때문에 반응성이 풍부하고, 산화되기 쉽다. 반면에 아이오딘가가 낮은 기름은 융점이 높고, 산화안정성이 좋다. 유지를 고온에서 장시간 가열하거나 자동산화가 진행되면 불포화지방산이 분해되므로 아이오딘가는 낮아진다.

지방은 에너지 생성에 있어서 탄수화물이나 단백질보다 더 높은데, 지방 1g이 완전히 연소(산화)되면 9kcal의 열을 생성한다. 지방은 에너지원으로서 체내에 저장되는데, 지방조직에 저장되고, 중요한 장기를 싸고 있어 충격을 흡수하여 장기를 보호하며, 건강한 세포 기능을 증진시키는데 중요한 역할을 한다. 신체의 바깥쪽에 있는 지방은 건강한 피부와 털을 유지하고, 추울 때 몸을 따뜻하게 유지시키는 절연체로 작용하면서, 자극이 빠르게 전달되는 전기 절연체로서도 작용한다. 새로운 지방을 저장함으로써 문제가 되는 물질을 효과적으로 희석할 수 있다.

1) 가수 분해

지방을 효소나 산 또는 알칼리로 처리하면 가수 분해되어 지방산과 글리세롤이 생성된다. 또한 지방 분해는 지질인 트라이글리세라이드가 글리세롤과 자유 지방산으로 가수 분해되는 대사 경로이다. 지방이 가수 분해 되어 만들어진 지방산과 글리세롤로 만들어진 리피아제 효소는 소화액에 존재하며, 소화뿐만 아니라 세포막 구성, 신호 전달 등 다양한 생리적 기능을 수행한다. 지방의 가수 분해에 관여하는 효소로 HSL이 유일하였는데 효소 ATGL이 새롭게 등장하였다.

2) 비누화

과거에는 유지나 밀랍으로부터 비누를 만들어내는 반응을 비누화 반응이라고 하였지만, 현재는 에스테르가 가수 분해를 일으켜 카르복시산과 알코올을 생성하는 반응, 즉 에스테르화의 역반응이라 할 수 있다. 따라서 비누화는 수성 알칼리의 작용에 의해 에스테르를 비누와 알코올로 전환하는 과정이다. 비누는 긴 탄소 사슬을 가지고 있는 카복실산인 지방산염이다. 비누화를 촉진시키기 위해서는 산보다 알칼리를 첨가하는 편이 효과가 더 크다.

3) 수소화

이중 결합의 지방산은 지방보다 기름에 더 많다. 이러한 이중 결합에 수소를 첨가하면 이중 결합이 단일 결합으로 전환된다. 식물성 기름은 촉매제의 존재 하에 수소를 첨가하면 지방으로 전환되는데 이를 수소화라고 한다. 수소를 오일 안으로 밀어 넣으면 화학 구조가 액체에서보다 더 단단한 모양으로 바뀐다. 오일은 부분적으로 수소화되거나 완전히 수소화될 수 있다. 부분적으로 수소화된 지방은 포화지방으로 간주된다. 트랜스 지방은 주로 가공 식품에 존재하며, 불포화지방산이 수소화 과정으로 변형되어 생성된다. 이는 체내에서 LDL 콜레스테롤 수치를 높이고 HDL 콜레스테롤 수치를 낮추는 해로운 효과가 있다. 이러한 변화는 심혈관 질환과 비만, 제2형 당뇨병을 일으킬 수 있다.

4) 아크롤레인 검사

아크롤레인 검사는 글리세롤을 검사하는 것으로, 지방과 기름의 검사에 자주 사용되고 있다. 글리세롤 여러 방울에 황산수소칼륨을 첨가하여 가열하면 탈수, 산화반응을 거쳐 아크롤레인이 발생하고 특유의 자극적인 냄새를 유발한다. 발생한 아크롤레인을 물에서 니트로블루시트나트륨, 비베리딘과 반응시키면 청색을 나타내는 예민한 확인법이라 할 수 있다. 나타내는 색조는 액성이 변함에 따라 홍자색에서 자색, 자색에서 청록색으로 변색한다.

5. 왁스

천연 왁스는 미리실 알코올이나 세릴 알코올 같은 고분자의 알코올과 지방산이 결합한 에스테르이다. 보통 지방산과 알코올 둘 다 포화 되어 있다. 왁스는 소수성을 가지고 있어 물과 섞이지 않으며, 상온 부근에서도 모양을 쉽게 변화시킬 수 있는 고체 유기 화합물이다. 구성 성분으로는 탄소 사슬이 긴 알케인과 지방을 포함하고 있다. 비극성 유기용매에는 녹으며 녹는점이 대략 40도 이상이다. 천연 왁스는 미리실 알코올이나 세릴 알코올 같은 고분자의 알코올과 지방산이 결합한 에스테르이다. 다양한 형태로 존재하며, 식물 또는 동물이 생합성 하거나 광물로서도 얻게 된다. 동물성 왁스는 밀납, 경랍, 라놀린이 있고, 식물성 왁스에는 카나우바 왁스, 칸데릴라 왁스, 호호바 왁스가 있다. 석유 및 광물성 왁스에는 파라핀 왁스, 지랍, 몬탄 왁스, 미소 결정성 왁스가 있다. 마지막으로 합성 왁스에는 FT-왁스가 존재한다.

6. 인지질

인지질은 중성 지방의 글리세롤 뼈대에 존재하는 3개의 지방산 분자 중에서 1분자의 지방산이 인산기 또는 인산기와 질소를 포함한 화합물로 바뀌어 결합하고 있는 형태이다. 글리세로인지질은 디글리세리드로, 포스파티딘산, 즉, 지방산에 의해 에스테르화 된 두 개의 하이드록실 그룹 및 인산에 의해 에스테르화된 세 번째 하이드록실기를 갖는 글리세롤 분자에 의해 형성된 화합물로부터 유도된다. 인을 포함하는 친수성 머리 부분과 지방산으로 이루어진 소수성 꼬리 부분으로 구성되어 있는 양쪽 친화성 유기물질로써 수용액에서 지질 이중막을 만들 수 있다. 이러한 이유로 인지질은 물에서 저절로 미셀이나 지질 이중층을 형성한다. 지질 이중층이 둥그런 낭을 형성할 때 이를 리포솜이라 한다. 인지질은 모든 생물의 세포막을 구성하는 핵심 성분이다. 스핑고지질이라고도 불리는 스핑고미엘린은 스핑고이드 염기를 뼈대로 스핑고신을 반드시 포함하고 다양한 구조의 지방족 아미노 알콜을 하나 포함하는 3가지 유기 분자의 집합 구조이다. 포스파티딜세린은 인지질이며, 세포막을 구성하는 막지질이다. 세포자멸사와 관련하여 세포 주기 신호 전달에서 중요한 역할을 담당한다. 또한 특수한 호르몬, 성장 인자, 신경전달물질 및 기타 리간드의 막 수용체로서 작용한다. 혈소판 활성화 인자는 많은 백혈구 기능, 혈소판 응집 및 탈과립, 염증 및 아나필락시스의 강력한 인지질 활성화제이다. 혈소판 활성화 인자는 혈관 투과성의 변화, 산화적 폭발, 백혈구의 주화성, 식세포의 아라키돈산 대사 증가에도 기여한다.

7. 당지질

당지질(glycolipid)은 말 그대로 탄수화물을 포함하고 있는 지질이다. 당지질의 기본적인 구조는 단당 혹은 다당의 탄수화물 부위가 지질에 부가된 형태이다. 가장 흔한 당지질은 세라마이드의 1번 탄소에 단당류나 올리고당류가 결합해 있는 형태이다.

당지질은 크게 지질부위의 구조에 따라서 글리세롤당지질(glyceroglycolipid), 글리코스핑고지질(glycosphingolipid), 글로보사이드(globoside) 이렇게 3종류로 나뉜다. 글리코스핑고지질은 또 세가지로 나뉜다. 첫 번째, 세레브로사이드(cerebroside)는 단당이 부가된 글리코스핑고지질이다. 부가되는 단당은 대부분이 포도당과 갈락토스이며, 신경조직에서 가장 많이 존재하지만 다른 조직에서도 발견된다. 두 번째, 강글리오사이드(ganglioside)는 산성당인 시알산이 하나 이상 부가되어 음전하를 띄게 되는 당지질이다. 가장 복잡한 형태의 당지질로서 200가지 이상의 다양한 종류가 있으며, 신경세포에 많이 분포되어 있다. 세 번째, 글로보사이드(globoside)는 2개 이상의 당을 함유하는 당지질로서, 강글리오사이드와는 달리 산성당인 시알산을 함유하고 있지 않다.

당지질의 기능은 크게 시스(cis)와 트랜스(trans) 형태로 나타난다. 시스 형태의 작용은 같은 세포에서 당지질의 평행적 기능을 말한다. 트랜스 형태의 작용은 당지질과 그것을 인식하는 단백질인 렉틴을 매개로 일어나는 세포-세포 또는 세포-당지질 사이의 작용을 말한다. 주로 두 개의 세포 사이에서 세포간의 인식, 기능 조절, 성장 및 세포사멸 등을 조절하는 것으로 알려져 있으며, 일부 세균이나 박테리아의 침입과정에서도 당지질과 렉틴의 상호작용이 중요한 것으로 알려져 있다. 또 백혈구의 귀소와 같은 면역 반응뿐만 아니라, 적혈구 표면의 항원을 인식하여 일어나는 혈구응집 등의 다양한 과정에도 관여한다.

당지질과 관련된 주요 질환으로는 유전 질환인 테이-삭스병(Tay-Sachs disease)이 있는데, 가족성 흑내장성백치(amaurotic familial idiocy)라고도 한다. 이 질환은 헥소사미니데이스 A(hexosaminidase A)의 결핍으로 인해 부분적으로 분해된 강글리오사이드가 축적되어 신경계가 퇴행성 변성을 겪는다. 이러한 환자는 서서히 실명하고, 마비가 오고, 주위를 인식하지 못하다가 결국에는 3~4세 사이에 사망한다.

8. 아이코사노이드

아이코사노이드(eicosanoid)는 아라키돈산(arachidonic acid)으로부터 유도된 생물학적으로 중요한 작용을 하는 물질 군이다. 생성된 지점 주위의 인근 세포에 작용하여 호르몬 역할을 하거나 염증, 상처 치유, 혈액 응고 따위의 여러 생리 과정에서 매개 역할을 한다. 주요 아이코사노이드는 프로스타글란딘(prostaglandins, PG), 트롬복산(thromboxanes, TX), 류코트리엔(leukotrienes, LT), 프로스타사이클린(prostacyclin)과 이들의 아형이다. 이들의 이름은 처음 검출된 세포에서 유래하였다. 프로스타글란딘은 전립선(prostate gland)에서, 트롬복산은 혈소판(thrombocyte)에서, 류코드리엔은 백혈구(leukocyte)에서 유래하였다.

프로스타글란딘은 체내의 각종 장기에 널리 분포하는 지방산 유도체 생리활성 물질을 총칭하는 지질의 한 종류이다. 프로스타글란딘은 5각형 고리와 2개의 곁가지를 갖고 있으며 전체 탄소 수는 20개이다. 하나의 곁가지 끝에 카르복실기(COOH)를 갖고 있다. 프로스타글란딘은 강력한 생리활성 호르몬으로 남성 및 여성 생식기계, 간, 신장, 췌장, 심장, 폐, 뇌 및 장을 포함한 대부분의 조직에 분포하고 있다. 그러나 프로스타글란딘은 정액에 가장 많이 포함되어있다.

프로스타사이클린은 사이클로옥시저네이스의 작용에 의해 아라키돈산이 변환되어 프로스타글란딘 에이치투를 거쳐 생성되는 내인성 생리 활성 물질의 하나이다. 프로스타사이클린은 프로스타글란딘의 구조에 5각형 고리가 하나 더 추가되어 있어서 "-사이클린"이라고 부르게 되었다. 혈소판 응집을 강력하게 억제하고 혈관을 강력하게 확장시킨다.

트롬복산은 활성화된 혈소판에 의해 생성되어 인접한 혈소판을 활성화시키는 작용제로서 혈액 응고와 혈관 수축을 유도하는 물질이다. 트롬복산은 프로스타사이클린과 반대 작용을 지닌다. 따라서 트롬복산은 혈소판의 응집을 촉진시키고 평활근을 강력하게 수축시킨다. 트롬복산과 프로스타사이클린은 상호 조정을 통해 건강한 혈관계를 유지시킨다. 트롬복산은 cAMP의 생성을 억제시키고, 프로스타사이클린은 cAMP의 생성을 촉진시킨다. 트롬복산은 활성화된 혈소판에 의해서 생성되어 혈액 응고 초기에 혈관 수축과 혈소판 응집을 일으키며, 새로운 혈소판의 활성화를 자극한다. 또 혈관의 항상성에 중요한 작용을 하며 혈액응고 형성에 관여하여 혈전이 생긴 부위에 혈액의 흐름을 감소시킨다.

류코트리엔은 5-리폭시지네이즈에 의해 아라키돈산이 대사되어 생성된 다른 하나의 아이코사노이드 군이다. 용어에 "tri-"가 들어간 것은 백혈구에서 생성된 3개의 짝이중결합을 함유하고 있기 때문이다. 이 군에서 류코트리엔 C는 앨러지 반응에 관여하는데, 그것은 천식 발작이 일어나는 동안 기관지를 수축시킨다. 류코트리엔은 기도에서 공기의 흐름을 방해하거나 점액분비를 증가시키고 점액질의 축적, 기도벽에 염증세포의 유입을 유도하는 증상을 유발한다.

9. 스테로이드

스테로이드(steroid)는 A, B, C, D로 표시한 네 개의 고리로 구성된 화합물이다. 각각의 스테로이드는 고리 안에 있는 이중 결합의 수와 위치가 다르다.

스테롤(sterol)은 17개의 탄소로 구성된 스테로이드 핵의 3번 탄소에 수산기(-OH)가 붙어있는 스테로이드이다. 주로 간에서 합성되는 스테롤인 콜레스테롤(cholestrol)은 인체에 가장 풍부한 스테로이드이다. 인체의 콜레스테롤은 지방을 비롯한 탄수화물 및 단백질과 같은 다른 물질로부터 유도되거나 합성된다. 나머지는 식이로부터 공급된다.

콜레스테롤은 세포막의 구성 성분이자 담즙산(bile acid), 스테로이드 호르몬(steroid hormone), 비타민 D의 활성형인 1,25-디하이드록시콜레칼시페롤(1,25-dihydroxycholecalciferol), 즉 비타민 1,25(OH)2D3의 전구체가 된다.

콜레스테롤은 인체에서 이렇게 중요한 작용을 하고 있지만 보통 나쁜 것으로 인식 되는 이유는 심장마비, 뇌졸중, 기타 심각한 질환을 일으키는 주요 원인인 플라크 때문이다. 혈중에는 여러 가지의 지질단백질, 밀도순으로 보면 초저밀도지질단백질, 저밀도지질단백질, 중밀도지질단백, 고밀도지질단백질이 있다. 콜레스테롤이 풍부한 세포는 자신의 저밀도지질단백질 수용체 합성을 낮추고 저밀도지질단백질 분자 내의 새로운 콜레스테롤이 흡수되는 것을 막는다. 반대로 세포에 콜레스테롤이 부족할 경우에는 저밀도지질단백질 수용체 합성은 계속 진행된다. 이 과정이 조절되지 못하게 되면 수용체가 없는 저밀도지질단백질 분자가 혈중에 나타나기 시작한다. 이 저밀도지질단백질 분자는 산화되어 대식세포에 흡수되는데, 이 대식세포는 부풀어 올라 거품세포를 형성한다. 이 거품세포는 종종 혈관 벽에 가두어져 죽상동맥경화증을 일으키는 플라크 형성에 기여한다. 이로 인해 소위 저밀도지질단백질 콜레스테롤이 해로운 콜레스테롤이 이라는 말이 나오게 된 것이다.

스테로이드 호르몬은 생체 내 기능에 따라서 크게 합성대사 스테로이드, 코르티코스테로이드(corticosteroid), 성 호르몬(sex hormone) 세 가지의 유형으로 나눌 수 있다. 코르티솔(cortisol)과 알도스테론(aldosterone)을 포함한 코르티코스테로이드는 부신 피질에서 생성되며, 각각 탄수화물과 전해질 대사를 조절한다. 남성 호르몬인 테스토스테론(testosterone)과 2가지 여성 호르몬인 에스트라디올(estradiol, 에스트로젠의 한 종류)과 프로게스테론(progesterone)이 성 호르몬에 속한다. 이들은 2차성징과 생식기의 발달과 유지를 조절한다. 이러한 스테로이드의 유도체는 피임약, 폐경 후 증후군 치료를 비롯한 다양한 치료제로서 사용되고 있다.

담즙은 스테로이드, 기타 유기 화합물과 무기질을 포함하고 있는 혼합물이다. 담즙에서 가장 많은 성분 중 하나는 담즙산염(bile salt)이다. 담즙산염은 극성 부위와 비극성 부위를 함께 가지고 있는 양성 스테로이드이다. 담즙산염은 장에서 비극성 지질이 내용물 중에 균등하게 섞이게 하여 소화효소(라이페이스 등)가 잘 작용하도록 유화 작용을 한다.

10. 지질 단백질

스테로이드를 포함한 지질은 수용액에서 용해되지 않는다. 따라서 혈액에서 지질은 단독으로 존재하고 있는 것이 아니고 수송 물질과 결합하여 혈장에 섞여 있다. 유리형 지방산(free fatty acid)은 혈장 알부민에 의해 수송되지만, 다른 지질은 특수한 단백질과 결합하여 지질-단백질 복합체를 형성하여 수송된다. 이러한 지질-단백질 복합체를 지질단백질(lipoprotein, 지방단백질 또는 지단백)이라고 한다. 이 복합체에서 단백질 부분만을 아포지질단백질(apolipoprotein) 또는 아포단백질(apoprotein)이라고 한다. 아포지질단백질의 생성과 지질단백질의 조합은 주로 간과 장에서 일어난다. 지질단백질은 보통 밀도 또는 비중에 따라 다음과 같이 5종류로 분류된다.

1) 킬로미크론(chylomicron)

암죽미립, 유미입자라고도 하며, 먹이유래인 지질을 혈중에 운반하는 외인성 지방단백질을 말한다. 킬로미크론은 림프관을 거쳐 혈액에 분비하면 HDL(고밀도지질단백질)에서 아포C-Ⅱ, 아포-E를 받아들인다.

2) 초저밀도 지질단백질(very low density lipoprotrein, VLDL)

초저밀도 지질단백질은 단백질과 복합체를 이룬 지질로서, 지질에 비해 단백질의 밀도가 가장 낮은 지질단백질로 분류된다. 합성된 VLDL은 혈관으로 분비되고 이후 혈액내의 중성지질 및 콜레스테롤과 결합하여 저밀도 지질단백질(LDL)로 변환된다. 초저밀도 지질단백질은 체내에서 합성된 콜레스테롤과 중성지방을 수송한다.

3) 중간밀도 지질단백질(intermediate density lipoprotein, IDL)

중간밀도 지질단백질은 간에서 저밀도 지질단백질에 분해되는 대사중간체다.

4) 저밀도 지질단백질(low density lipopretein, LDL)

초밀도 지질단백질(VLDL)이 전화되어 만들어진 것으로, 주로 간의 콜레스테롤을 말초 조직으로 운반하는 기능을 가진 지질단백이다. LDL의 증가는 동맥경화 발생과 관계가 높다.

5) 고밀도 지질단백질(high density lipoprotein, HDL)

HDL은 각 조직 및 세포에서 잉여물로 남은 콜레스테롤과 인지질을 간이나 스테로이드 호르몬을 생성하는 조직으로 수송하여 분해 및 대사를 촉진하는 역할을 담당하기 때문에, HDL의 혈중수치는 혈관 내의 건강상태를 알아보는데 매우 중요한 척도로 여겨지고 있다.

6장

단백질

 단백질은 수분 다음으로 많은 세포의 주성분이다. 단백질은 다양한 기관, 효소, 호르몬 등 신체를 이루는 주성분으로 몸에서 물 다음으로 많은 양을 차지한다.
 단백질의 구성단위 물질은 아미노산이며, 주로 인체 구성에 사용되고 에너지원으로도 드물게 사용된다.

1. 기능

 단백질 주요 기능은 효소 및 호르몬이고, 이것은 섭취한 식품을 세포 에너지로 환원하는 과정을 촉진한다. 여기서, 소화효소는 또한 항산화 영양소 형태를 구성하기도 한다. 인슐린 및 글루카곤(glucagon)과 같은 내분비 호르몬 또한 중요한 단백질이다. 두 번째로는 구조적 단백질이고, 생물학적 구성 요소에 형태와 저항성 및 수축성 등을 제공한다. 콜라겐(collagen), 엘라스틴(elastin)은 피부 조직을 구성하는 주요한 기능을 제공하고, 케라틴

(keratin)은 머리카락과 손톱을 구성하는 기능을 한다.

2. 아미노산

단백질은 아미노산(amino acid)이라고 하는 기본 단위 분자에 의해 구성된 큰 중합체(polymer)이다. 자연계에 존재하는 단백질을 가수 분해하면 20종류의 아미노산이 얻어진다.

1) 구성

아미노산은 산성 기(acidic group)인 카르복실기(-COOH)와 염기성 기(basic group)인 아미노기(-NH2)기를 포함하고 있는 유기산이다. 카르복실기 바로 다음의 탄소가 α탄소이고, 그 다음은 순서대로 β, γ, δ 탄소가 된다.

아미노산은 α탄소애 붙어있는 R기의 극성(polarity)에 따라 극성(polar)과 비극성(nonpolar) 아미노산으로 나뉜다. R기가 비극성이면 극성인 아미노산보다 물에 잘 녹지 않는다. R기가 -OH, -SH, -NH2, 또는 -COOH이면 극성 아미노산이다.

신체는 일부 아미노산을 합성할 수 있지만, 어떤 아미노산은 합성하지 못한다. 합성하지 못하는 아미노산은 음식물을 통해서 얻어야 하는데, 이러한 아미노산을 필수 아미노산(essential amino acid)이라고 한다.

필수 아미노산과 체중 kg당 1일 요구량(mg)

아미노산	성인	영아	아미노산	성인	영아
이소류신	28	70	트레오닌	28	87
류신	42	161	트립토판	33	12
리신	44	103	발린	35	93

메티오닌	22	58	히스티딘		28
페닐알라닌	22	135			

2) 양성 성질

아미노산은 산성의 카르복실기와 염기성의 아미노기를 포함하고 있다. 용액에서 카르복실기는 아미노기에 프로톤을 줄 수 있다. 이렇게 되면 아미노산은 (+)와 (-)의 쌍극성 이온(zwitterion)을 띤다.

아미노산은 양성(兩性) 분자(amphoteric molecule)이다. 따라서 산이나 염기와 반응할 수 있다. 아미노산이 자신의 등전점보다 염기성 용액에 있으면 음전하를 띠고 양극으로 끌린다. 반면에 아미노산이 자신의 등전점보다 산성 용액에 있으면 양전하를 띠고 음극으로 끌린다.

아미노산이 양성 분자이기 때문에 이것으로부터 구성되는 단백질도 또한 양성 분자이다. 이러한 양성 성질로 인하여 단백질은 혈액에서 완충제로서 작용한다.

어떤 pH에서 아미노산은 음극이나 양극으로 이동하지 않을 것이다. 그것은 이러한 pH에서 아미노산이 중성을 띠기 때문이다. 이렇게 총전하가 0이 되는 pH를 등전점(isoelectric point, pI)이라고 한다. 아미노산으로 구성된 단백질들도 각각의 등전점을 가지고 있다.

3. 펩타이드

단백질은 많은 아미노산들이 펩타이드 결합(peptide linkage 또는 peptide bond)에 의해 연결된 거대분자이다. 두 개의 아미노산이 반응하면 첫 번째 아미노산의 카르복실기와 두 번째 아미노산의 아미노기가 반응하여 물 한 분자가 빠지고 탄소와 질소 사이에 결합이 생기는데, 이것이 펩타이드 결합이고, 그 결합물을 디펩타이드(dipeptide)라고 한다.

4. 단백질의 구조

단백질이 산이나 염기 또는 어떤 효소에 의해 가수 분해될 때, 그 최종 산물은 아미노산이다. 단백질은 3차원의 구조를 갖는데, 구조의 복잡성 정도에 따라 1차 구조(primary structure), 2차 구조(secondary structure), 3차 구조(tertiary structure), 4차 구조(quaternary structure)로 나뉜다.

- 1차 구조

단백질의 1차 구조는 아미노산들이 펩타이드 결합에 의해 연결된 단순한 사슬로서 아미노산의 수나 배열을 가리킨다.

- 2차 구조

단백질의 2차 구조는 1차 구조의 폴리펩타이드 사슬 내부에서 C=O와 NH 사이의 수소 결합에 의해 사슬이 코일처럼 꼬인 구조(α-*helix*)나 두 펩타이드 사슬 사이의 수소 결합에 의해 종이가 접힌 모양의 구조(β-*pleated sheet*)이다.

- 3차 구조

단백질의 3차 구조는 2차 구조의 사슬이 다양한 화학 결합, 즉 반데르발스 힘(van der Waals force), 소수성 상호작용(hyrophobic interaction), 이황화 결합(disulfide bond, -S-S-), 수소 결합, 이온 결합 등에 의해 형성된 더욱 복잡해진 삼차원적 구조이다.

• 4차 구조

단백질의 4차 구조는 3차 구조 단백질이 소단위체(subunit)가 되어 2개 이상 결합해 있는 단백질을 말한다. 헤모글로빈은 3차 구조의 알파 사슬 2개와 베타 사슬 2개로 구성된 4량체(tetramer)의 4차 구조 단백질이다.

5. 단백질의 분류

단백질은 단순 단백질(simple protein), 복합 단백질(conjugated protein), 유도 단백질(derived protein)로 구분된다. 단순 단백질이란 가수 분해시 아미노산만 생성되는 단백질을 말하며, 복합 단백질이란 가수 분해했을 때 아미노산 이외의 다른 성분이 생성되는 단백질을 말하며, 유도 단백질이란 화학적, 효소적 또는 물리적 작용에 의해 생성된 단백질을 말한다.

1) 용해성에 의한 분류
단순 단백질은 여러 가지 용매에 대한 용해성에 따라 분류된다.

단백질	용해성	열 응고	보기
알부민	물과 염 용액에 녹음	응고됨	달걀 알부민, 혈청 알부민, 락트알부민
글로불린	물에는 약간 녹으나 염 용액에는 잘 녹지 않음	응고됨	혈청 글로불린, 락토글로불린, 식물성 글로불린
알부미노이드	모든 중성 용매와 희석 산 및 알칼리에 녹지 않음	응고되지 않음	털, 손톱 및 발톱, 깃털에 있는 케라틴; 콜라겐
히스톤	염 용액에 녹음, 많이 희석한 수산화 암모늄에 녹지 않음	응고되지 않음	가슴샘 중의 뉴클레오히스톤, 헤모글로빈 중의 글로빈
프로타민	물과 희석 산에 녹음	응고되지 않음	어류와 닭의 정자핵에 존재

2) 구성에 의한 분류

복합 단백질은 분자의 배합군의 성질에 따라 분류한다.

종류	배합군	보기
핵단백질	핵산	염색체
당단백질	탄수화물	혼탁액의 점액소
인단백질	인산	우유의 카세인
색소단백질	발색단	헤모글로빈, 헤모시아닌, 플라보단백질, 시토크롬
지질단백질	지질	혈장 지질단백질(킬로미크론, 피이, LDL, HDL)
금속단백질	금속	세룰로플라스민(구리 함유), 시데로필린(철 함유)
플라보단백질	플라빈 뉴클레오타이드	숙신산 탈수소효소

3) 기능에 의한 분류

단백질은 생물학적 기능에 따라 분류한다.

단백질 종류	보기	용도
구조 단백질	콜라겐 케라틴	결합 조직의 구성 털, 손톱, 발톱의 구성
수축 단백질	미오신, 액틴	근육 수축
저장 단백질	페리틴, 카제인	헤모글로빈을 만드는 데 필요한 철 저장, 우유에 들어있는 단백질 저장
수송 단백질	헤모글로빈 혈청 알부민	산소 수송 철, 빌리루빈, 칼슘 등 수송
조절 단백질	호르몬(인슐린)	대사 조절(탄수화물 대사 조절)
촉매 단백질	효소	화학 반응 촉진
방어 단백질	면역글로불린 피브리노겐	항체 혈액 응고
독소 단백질	독액	독성 작용

4) 모양에 의한 분류

단백질은 모양에 따라 구상 단백질과 섬유상 단백질로 나뉜다.

구상 단백질은 모양이 공처럼 둥글며(길이와 넓이의 비율이 10 미만), 물에 잘 녹고, 확산이 용이하고, 잘 움직인다. 글로불린, 알부민, 헤모글로빈, 및 대부분의 효소가 이것에 속한다.

섬유상 단백질은 납작하며(길이와 넓이의 비율이 10 이상)물에 녹지 않는다. 피브린, 미오신, 케라틴, 콜라겐 등이 이것에 속한다.

6. 성질

1) 교질 작용

단백질은 물에서 교질 분산을 이룬다. 단백질은 여과지를 통과하나 막은 통과하지 못한다. 혈액에 있는 단백질은 세포 속으로 들어갈 수 없어서 혈액에 그대로 남는다. 단백질은 막을 통과할 수 없기 때문에 소변에는 단백질이 없다. 따라서 소변에 단백질이 존재한다는 것은 사구체신염과 같은 신장 사구체(토리) 모세혈관의 손상을 가리킨다.

2) 변성

3차원적 구조를 이루고 있던 단백질의 2차 및 3차 구조가 펩타이드 결합의 분해 없이 펴지면서 고유의 기능을 상실하는 것을 단백질 변성이라고 한다.

변성을 유발했던 조건을 제거했을 때 펴졌던 단백질 사슬이 본래의 형태로 돌아가 기능이 부활될 수도 있다. 이러한 변성을 가역적 변성이라고 한다. 어떤 단백질은 비가역적인 변성을 이루는데, 이러한 단백질은 용액에서 응고되거나 침전된다.

3) 변성을 일으키는 시약이나 조건

• 알코올

프롤아민을 제외한 대부분의 단백질은 알코올에 의해 응고된다. 소독약으로 70% 알코올이 사용되는 것은 알코올이 세균의 표면 단백질을 서서히 응고시켜 침투하기 때문이다.

• 중금속염

독극물이 체내로 들어왔을 때 달걀흰자를 섭취해야 해독할 수 있다. 중금속은 달걀흰자와 반응하여 침전을 일으킨다. 위에서 형성된 침전물은 구토제를 복용시켜 위로부터 제거해야 한다. 묽은 질산은 용액은 신생아의 눈 소독제로 사용되고 있다.

• 열

단백질은 약하게 가열하면 가역적인 변성을 일으키지만 세게 가열하면 몇 가지 결합이 끊겨 비가역적으로 변성된다. 세균에 존재하는 단백질도 가열에 의해 응고되고 파괴된다. 수술실에서 사용하는 수술용 기구나 의류는 고온 멸균법으로 멸균한다.

• 알칼로이드 시약

탄느산 및 피크르산과 같은 알칼로이드 시약은 단백질과 결합하여 불용성의 화합물을 형성한다. 이 시약은 염가교와 수소 결합을 끊어 단백질을 비가역적으로 변성시킨다.

• 방사선

자외선이나 X선은 단백질을 응고시킬 수 있다. 인체의 피부는 태양으로부터 나오는 자외선을 흡수하고 차단하여 내부 세포에 도달하지 않게 한다. 암세포에 있는 단백질은 정상 세포에 있는 것보다 방사선에 더 민감하다.

• pH

pH의 변화는 수소 결합과 염가교를 끊을 수 있다. 단백질은 농염산, 농황산 및 농질산과 같은 강산에 의해 응고된다.

• 산화제 및 환원제

표백제 및 질산 같은 산화제와 아황산염 및 옥살산염 같은 환원제는 단백질의 이황화 결합을 끊어 그것을 비가역적으로 변성시킨다.

• 염석

대부분의 단백질은 포화염 용액에 녹지 않고 변화 없이 침전한다. 단백질이 포함된 혼합물에 포화염 용액을 첨가하면 단백질이 침전한다. 이것을 여과하면 단백질이 제거된다. 그다음 투석을 통해 단백질을 정제할 수 있다. 이렇게 염 용액을 이용하여 단백질을 제거하는 과정을 염석이라고 한다.

7. 크로마토그래피(Chromatography)

크로마토그래피(Chromatography)는 혼합 시료의 성분들이 섞이지 않는 두 상인 고정상(=정지상)과 이동상을 이용하여 이동속도 차이에 따라 혼합물을 분리하는 방법이다.

1) 용어

용어	의미
정지상 (stationary phase)	모세관이나 컬럼 등에 채워져서 고정되어 움직이지 않으면서 용질과 상호작용을 하는 물질이다.
이동상(mobile phase)	정지상을 통과하면서 이동하는 것을 말하며, 일반적으로 액체, 기체, 초임계 유체를 사용할 수 있다.
용출(elution)	이동상을 따라 물질이 정지상으로 통과하여 빠져나오는 것이다.
전개(development)	크로마토그래피를 통해 혼합물을 이동시키는 일반적인 과정이다.

2) 원리

시료들이 섞여있는 혼합물을 이동상과 함께 움직이지 않도록 고정되어 있는 정지상에 흘려보내면 시료의 특징에 따라 통과하는 속도가 다르다는 점을 이용해 시료를 분리해낸다. 시료의 성분들은 서로 다른 용해도를 나타내므로, 두 상에서 성분들의 분포 차이가 나타나면서 분리되는 것이다. 시료 성분 중에 정지상에 세게 붙잡히는 성분(정지상과 친화성이 강하여 결합)은 이동상의 흐름에 따라 천천히 움직이지만 정지상에 약하게 붙잡히는 성분(정지상에 대한 친화성이 약한 분자)은 빠르게 운반된다.

3) 종류

• 칼럼 크로마토그래피

긴 원통형태의 유리관(칼럼)을 사용한다.

그 안에 정지상 역할을 하는 매질을 넣는데, 세파덱스(Sephadex)나 이온교환 수지(ion-exchange resin) 같은 매질을 채운다.

세부 종류	설명
충전 컬럼(packed column)	칼럼에 고체 정지상 입자들을 채워서 사용한다.
열린 관 칼럼(open tubular column)	칼럼의 내벽에 액체 정지상(또는 고체 정지상)이 코팅되어 칼럼의 중심부가 비어 있다.

최근에는 주로 열린 관 칼럼을 사용하는데 고분리도, 짧은 분석 시간, 높은 감도 및 적은 양의 시료 사용 등의 장점이 있다.

세부 종류	정지상	내용
젤 여과 크로마토그래피	다공성 젤	분자를 크기와 모양에 따라 분리하는 방법이다.
항체-진화성 크로마토그래피	이온 교환 수지	항체 반응을 유도하는 모든 단백질과 펩타이드를 특이적으로 분리해 낼 수 있다.
이온 교환 크로마토그래피	정지상-항체 결합 구슬	전하 차이를 이용하여 화학종을 분리하는 방법이다.

• **평면 크로마토그래피**(Planar Chromatography)

〈종이 크로마토그래피〉

종이의 다양한 이동 속도를 이용하여 용해된 화학 물질을 분리하는 기술이다.

종이 크로마토그래피는 아미노산, 펩타이드, 탄수화물, 스테로이드, 퓨린 및 다양한 단순 유기 화합물의 복잡한 혼합물을 분리하는 표준 관행이 되었다. 무기 이온도 종이 위에서 쉽게 분리할 수 있다. 정지상은 종이에 포함된 수분이고, 이동상은 유기용매이다. 종이에 대한 친화성이 강하면 이동거리가 작고, 친화성이 약하면 이동거리가 크다.

〈박층 크로마토그래피(TLC thin-layer Chromatography)〉

얇은막에 고체 지지체나 유도체로 구성된 이동상을 이용한 분리법이다. 지지체로 유리판 등이 사용되는 걸 제외하면 종이 크로마토그래피와 아주 유사하다. 유리판은 정지상으로 실리카겔이나 산화 알루미나 등의 물질로 얇게 코팅되어 있다.

물질이 비휘발성이거나 저휘발성일 경우, 전기가 없을 경우 등에 사용한다.

평면 크로마토그래피는 분리한 물질의 성분을 확인하기 위해 이동률을 구한다.

$$Rf = \frac{물질의\ 이동\ 거리}{용매의\ 이동\ 거리}$$

- **고성능(고속) 액체 크로마토그래피**(HPLC)

용액에 용해된 혼합물의 화합물을 분리, 식별 및 정량화하는 데 사용한다.

시료가 칼럼을 빨리 통과할 수 있게 고압 펌프를 사용한 것이다. 시료의 화학물질이 녹아 있는 이동상의 액체(유기용매)를 펌프를 이용하여 고압의 일정한 유속으로 밀어서 고정상인 칼럼을 통과하도록 한다. 이때 시료의 화학 물질이 이동상과 고정상에 대한 친화도에 따라 다른 시간대별로 칼럼을 통과하는 원리를 이용하며 검출기를 이용해 시간대별 반응의 크기를 측정함으로써 특정 화학 물질을 정량하는 방법이다.

- **기체(가스) 크로마토그래피** (Gas Chromatography, GC)

기체를 이동상으로 하여 두 가지 이상의 성분으로 된 물질을 분리하는 기법이다.

시료 주입부 부분으로 주입된 시료가 높은 온도에서 기화하여 고정상인 분리관으로 이동한다. 그것을 거친 시료는 검출기에서 크로마토그램으로 분리된 것을 확인할 수 있다. 석유 화학 산업의 통제 제조, 환경 분석에서 식품 오염 물질과 약물 잔류, 법의학 분석 등에 많이 이용한다.

8. 전기영동

전기영동(전기이동, Electrophoresis)은 전극 사이의 전기장 하에서 용액 속의 전하가 반대 전하의 전극을 향하여 이동하는 화학현상이다.

혈청 속 단백질을 분리하면 양극에 가장 가까운 것부터 알부민과 4가지 글로불린(α_1, α_2, β, γ) 총 5개의 그룹(알부민, α_1-글로불린, α_2-글로불린, β-글로불린, γ-글로불린 분획)으로 분획한다. 알부민은 한 종류의 단백질이고, 나머지 분획에는 여러 가지 단백질이 섞여 있다. 정상 혈청 단백질 농도는 6.0~8.2g/dL이며, 알부민이 이 중 약 60%이다.

알부민은 삼투압을 유지하고, 혈청 농도 유지, 약물을 운반하는 역할을 한다.

α_1-글로불린 2~4%, α_2-글로불린 7~12%, β-글로불린은 6~10% 비율로 존재하며 각종 호르몬과 비타민, 리포단백, 전해질을 운반한다. γ-글로불린은 11~19% 로 항체를 만들어 면역을 담당한다.

혈청 단백질 분리

분획	역할	분획비(%)
알부민	삼투압 유지, 혈청 농도 유지, 약물 운반	60
α_1-글로불린	각종 호르몬, 비타민, 리포단백, 전해질 운반	2~4
α_2-글로불린		7~12
β-글로불린		6~10
γ-글로불린	면역 담당	11~19

7장
효소

효소(enzyme)는 생물학적 촉매제이다. 촉매제란 화학 반응을 촉진시키는 물질이다.

촉매제는 화학 반응에 영향을 미치지만, 그 자신은 영구적으로 변형되거나 없어지지 않는다. 따라서 효소는 반복해서 화학 반응을 촉매할 수 있다.

- 효소는 촉매하는 힘이 훨씬 크다.
- 효소는 다양한 특이성을 나타낸다. 즉, 절대 특이성, 입체 특이성, 결합 특이성, 반응 특이성, 기 특이성을 나타낸다.
- 효소의 활성은 잘 조절되지만 무기 촉매제는 조절이 힘들다.

효소의 이름은 국제효소위원회에서 규정한 명명법에 따라 정한다. IEC는 효소 이름을 기질에서 따오도록 하고 있다. 그리고 이름 끝에는 접미어 "-ase"를 붙인다.

효소는 고도의 초정밀성, 특이성, 선택성 및 고효율성의 특성을 가져서 인간이 영위하고 있는 다양한 산업에 이용이 확대되고 있을 뿐 아니라, 기능 면에서는 산화환원, 전이, 가수분해, 이탈 및 부가, 이성화와 합성반응을 촉매하는 일반적인 기능은 물론이고 고온, 고압, 유기용매하의 반응 등 특수한 상황에서도 반응하는 특성으로 산업적 적용범위가 무한하기 때문에 미래산업용 제제로 활용가치가 높은 품목이다.

1. 효소 반응

효소는 단백질이므로 열, 알코올, 강산, 강알칼리 등에 의해 응고된다.

1) 온도

모든 화학 반응은 온도의 영향을 받는다. 일정한 온도까지는 온도가 높을수록 반응 속도가 더 빨라진다. 그렇지만 온도가 너무 높으면 단백질이 변성되어 불활성화되고 기능을 상실한다.

2) pH

모든 효소는 반응이 잘 일어나는 pH를 가지고 있다. 각각의 효소마다 기질에 특이적으로 결합하기에 가장 알맞은 구조를 갖게 하는 pH가 존재하게 된다. 이때의 pH를 각 효소의 최적 pH라 한다.

3) 농도

모든 화학 반응이 그렇듯이 속도는 반응물의 농도 증가에 따라 빨라진다. 효소의 양이 일정하면 기질이 증가함에 따라 일정한 한계까지 반응 속도가 높아진다. 기질의 양이 충분할 때는 효소의 양이 증가함에 따라 반응 속도가 높아진다.

2. 활성제와 저해제

효소의 활성을 증가시키는 무기물질을 활성제(activator)라고 한다. 효소의 활성을 부분적이거나 또는 완전히 억제하는 물질을 효소 저해제(inhibitor)라고 한다. 효소의 활성 부위에 가역적으로 결합하여 기질의 접근을 차단하는 효소 저해제는 경쟁적 저해제(competitive inhibitor)라고 한다. 비가역적 저해제는 효소와 강한 공유 결합을 형성하여 효소를 불활성화시킨다.

1) 독약(독극물)

유기인 화합물을 신경 독약(신경 독극물)이라고 한다. 신경 독약에는 말라티온(malathion) 및 파라티온(parathion)과 같은 살충제와 전생 시 사용하는 신경가스 등이 있다.

2) 약물

어떤 효소 저해제는 유해하지만, 어떤 것은 생명에 유익하다. 페니실린(penicillin)은 세균의 세포벽을 만드는데 필요한 효소인 트랜스펩티데이스(transpeptidase)의 저해제이다.

3. 효소 활성

효소는 기질이 결합하는 활성 부위(active site)를 갖고 있다. 활성 부위는 단백질 사슬의 여러 부위로 구성되어 있다. 효소가 열에 의해 변성되면 효소가 활성을 잃게 된다. 효소 활성은 두 단계를 거쳐 일어난다. 효소의 활성 부위에 기질이 결합하여 효소-기질 복합체를 만든다. 이 효소-기질 복합체(enzyme-substrate complex)는 그다음 생성물과 유리 효소(free enzyme)로 분해된다. 효소의 활성 부위에는 그것에 꼭 맞는 화학 구조를 가진 분자만 결합할 수 있다. 이것이 소위 "자물쇠와 열쇠 모델 (lock-and-key model)' 이론이다. 기질 이외의 다른 물질이 활성 부위에 꼭 맞는다면, 그 물질은 경쟁적 저해제가 되고 이에 따라 활성이 방해되는 것을 경쟁적 저해(competitive inhibition)라고 한다. 저해제가 활성 부위 이외의 다른 부위에 가역적으로 결합하면 비경쟁적 저해(noncompetitive inhibition) 또는 다른 자리 저해(allosteric inhibition)라고 한다.

4. 주효소와 조효소

효소는 단백질이다. 그런데 펩신 및 트립신 같은 효소는 아미노산만으로 구성된 단순 단백질이지만 어떤 효소는 단백질과 비단백질 부분을 포함하고 있는 복합 단백질이다. 복합 단백질에서 단백질 부주효소라고 하고, 비단백질 부분(유기화합물)을 조효소라고 한다. 그리고 주효소와 조효소가 결합한 효소를 전효소라고 한다.

• 조효소

조효소는 단백질이 아니다. 따라서 열에 의해 활성을 잃지 않는다. 조효소는 보통 비타민이거나 비타민에서 유도된 화합물들이다. 조효소는 주효소와 결합하여 효소 작용을 돕는다.

조효소 A(CoA)는 신체의 탄수화물, 지질 및 단백질 대사에 필수적인 성분이다. 이는 아세틸화 반응을 일으킨다.

조효소 Q는 미토콘드리아에 있으며 구조가 비타민 K 및 비타민 B와 비슷하다. 이는 전자 전달계와 산화적 인산화 반응에 관여한다.

5. 효소의 분류

국제생화학연합의 효소위원회(enzyme commission, EC)는 효소의 기질에 대한 반응 형식에 기초하여 효소를 크게 6개의 그룹으로 분류한다.

• 산화 환원 효소(oxidoreductase, EC 1.)
두 기질 사이의 산화-환원 반응을 촉매한다. 잘 알려진 것으로는 카탈라제, 퍼옥시다제, 알콜디하이드로게나제 등이 있다. 일명 해독 효소라고도 한다. 지금까지 발견된 것은 약 650종이다.

• 전이 효소(transferase, EC 2.)
하나의 기질로부터 다른 하나의 기질로 수소 이외의 원자단 (기능기)의 전달을 촉매한다. 어떤 물질을 분해하여 그 부산물로 다른 물질을 만드는 것과 같이 한 가지의 아미노산으로 다른 종류의 아미노산을 만드는 효소이다. 간 기능 검사에 활용되는 SGOT나 SGPT 등이 이에 속한다. 이렇게 효소는 질병의 진단에도 유용하게 응용되고 있다. 지금까지 발견된 것은 약 640종이다.

• 가수 분해 효소(hydrolase, EC 3.)
여러 가지 결합의 가수 분해를 촉매한다. 전분질 분해효소인 아밀라제, 단백질 분해효소인 프로테아제, 지방분해효소인 리파제 등이 그것이다. 지금까지 발견된 것은 약 789종이다.

• 분해 · 부가 효소(lyase, EC 4.)
가수 분해를 하지 않고 기질로부터 원자단의 제거를 촉매한다. 이때 생성물은 이중 결합을 갖는다. 탈리 효소라고 불리는데, 이 효소는 보통의 가수분해효소로는 되지 않는 물질의 분해나 합성에 쓰이는 것이다. 지금까지 발견된 것은 약 150종이다.

• 이성질화 효소(isomerase, EC 5.)

기하학, 광학 또는 위치 이성체의 상호 전환을 촉매한다. 포도당과 과당은 분자식이나 구조식이 똑같은 물질이지만 광학이성체로서 화학적으로는 서로 다른 성질을 가진다. 이성화효소는 포도당이란 이성체로 과당이란 이성체를 만드는 효소이다. 지금까지 발견된 것은 약 100종이다.

• 연결 효소(ligase, 또는 합성 효소 synthetase, EC 6.)

ATP가 분해될 때 생기는 에너지를 사용하여 두 분자의 결합을 촉매한다. 우리가 먹는 음식물은 잘게 분해 되어 분자량이 작은 물질로 흡수되는데, 체내에 들어가서는 다시 생명 활동에 필요한 물질로 재합성 되어야 한다.

6. 동종효소

동종효소란 아미노산 서열은 다르지만 같은 종 내에서 같은 효소 반응을 촉매하는 2개 이상의 효소 군을 의미한다. 동종효소는 서로 다른 유전자로부터 암호화되어 있는 소단위체의 다양한 조합으로 만들어진다. 동종효소의 예로, 젖산 탈수소효소, 크레아틴 인산화효소, 육탄당인산화효소 등이 있다.

예시로는 첫째, 젖산 탈수소효소(lactic dehydrogenase, LDH)가 있다. 가역적으로 젖산과 피루브산의 상호 교환을 촉매하고 $NAD+/NADH$ 비율을 조절한다. 둘째, 육탄당인산화효소(hexokinase)이다. 포도당, 만노오스, 과당과 같은 육탄당의 ATP에 포함된 인산기를 붙이는 과정을 비가역적으로 매개하는 효소로 주로 포도당을 기질로 사용하여 당분해 과정의 첫 번째 반응에 관여한다.

7. 임상효소

임상 효소(cinical enzyme) 또는 진단 효소(diagnostic enzyme)란 혈액(혈장, 혈청)이나 소변을 비롯한 체액 내의 효소를 측정하여 병을 진단하고 관리하고 예후를 판단하는 데 이용되는 효소이다. 임상 효소의 역할은 첫째, 질병 진단이다. 효소 활성 또는 농도의 변화를 측정해 질병 상태를 확인한다. 둘째, 치료적 활용으로 효소 억제제 또는 활성제로 질환을 치료한다. 마지막으로 연구 도구로서 효소 작용을 이용해 질병 메커니즘을 규명한다.

8. 효소원

효소원 또는 지모젠(zymogen)은 효소의 불활성 전구체이다. 대부분의 소화 효소와 혈액 응고 관련 효소는 활성화되기 전까지 효소원 형태로 존재한다.

8장

소화

대부분의 음식물(탄수화물, 지방, 단백질)은 보통 물에 용해되지 않는 큰 분자로 구성되어 있는데 이러한 음식물이 소화관에서 흡수되려면 작은 가용성의 분자로 분해되어야 한다. 이러한 과정을 '소화'라고 한다.

1. 입에서의 소화

타액은 음식물을 적셔서 잘 삼킬 수 있도록 해준다. 타액의 약 99%는 수분으로 구성되어 있고 나머지 0.5%는 뮤신(윤활제로 작용), 몇 가지 무기염(완충제로 작용), 타액선 아밀레이스(녹말 가수분해), 혀 라이페이스(트리글리세라이드 가수분해), 무기이온으로 구성되어 있다.

2. 위에서의 소화

위액은 위벽의 위샘에서 분비한다. 가스트린이라는 호르몬이 위액분비를 촉진시키며, 위액은 하루에 2~3L씩 분비하며 투명한 담황색을 띤다. 위액의 적정 pH는 1~2이고 위액의 97~99%는 수분으로, 나머지 0.5%는 염산으로 구성되어 있다. 위액은 효소원인 펩시노겐과 라이페이스를 포함하며 내인성 인자를 분비한다.

3. 장에서의 소화

위에 있는 음식물은 산성이다. 이러한 산성 물질이 소장으로 들어오면 소장의 점막에서는 세크레틴(secretin)이라는 호르몬을 방출한다. 세크레틴은 췌장을 자극하여 췌장액과 중탄산염()의 분해를 촉진시킨다.

소장으로는 세 종류의 소화액, 즉 1) 췌장액, 2) 장액, 3) 담즙이 들어간다.

1) 췌장액

췌장액에는 몇 가지 소화 효소, 즉 트립시노겐, 키모트립시노겐, 카르복시펩티데이스, 라이페이스, 프로엘라스테이스, 및 아밀레이스 등이 포함되어 있다.

2) 장액

장액에는 아미노산을 제거하는 아미노펩티데이스, 디펩타이드를 분해하는 디펩티데이스, 그리고 핵단백질 및 유기인의 가수 분해를 촉매하는 효소가 포함되어 있다.

3) 담즙

담즙은 간에서 생성되고 담낭(쓸개)에 저장되며 담낭은 수분과 담즙에 있는 일부 성분을 흡수한다. 담즙은 pH범위가 7.8~8.6으로 알칼리성을 띠며, 색은 황갈색이나 녹색을 보인다. 이는 담즙을 구성하는 빌리루빈과 빌리베르딘 같은 물질의 농도에 따라 달라진다. 담즙은 알칼리성이기 때문에 장으로 들어온 산성의 위액을 중화시킴으로써 소장의 점막이 손상되지 않도록 보호하며, 최적의 환경이 유지되도록 돕는다.

담즙은 소화 효소가 없지만 소화하는 데 있어 중요한 체액이며, 지방을 더 쉽게 분해할 수 있도록 도와주고 콜레스테롤의 최종 산물이다. 체내의 많은 약물과 독소 외에 같은 무기이온은 담즙을 통해 제거된다.

4) 담즙산염

가장 중요한 두 가지 담즙산염은 글리코콜산나트륨과 타우로콜산나트륨이다. 담즙산염은 표면장력을 낮추고 표면적을 증가시키기 때문에 지방의 유화 작용을 돕는다. 담즙산염은 소화에 있어서 지방을 유화시켜 췌장 라이페이스가 잘 작용하도록 한다.

5) 담즙 색소

헤모글로빈은 분해될 때 헴과 철로 나뉘게 된다. 특히 헴은 철분과 결합한 고리 구조를 가지고 있기 때문에 철을 효율적으로 분리하여 저장하거나 재활용한다. 혈액에서 빌리루빈은 알부민과 비공유적으로 결합한 후 간으로 운반되고 담즙을 통해 배설된다. 담즙으로 빌리루빈을 분비하지 못하거나 빌리루빈 생성이 급증하면 빌리루빈이 혈액에 증가하여 피부나 각막이 노랗게 변하는데 이것을 황달(jaundice)이라고 한다.

6) 콜레스테롤

콜레스테롤은 우리 몸 안에서 중요한 역할을 하지만 과도하게 축적될 경우 몸에 부정적 영향을 끼칠 수 있기 때문에 간은 담즙을 통해 소장으로 배출하기도 한다.

간혹 담즙 내 콜레스테롤의 농도가 과도하게 높아질 경우, 콜레스테롤이 물에 녹지 못하고 침전되어 고체의 형태로 변하기도 하는데, 이게 침전되면 결석을 형성한다. 그것을 담석이라고 한다.

4. 탄수화물 소화

1) 입에서의 소화
침에는 프티알린 이라고 하는 침샘 아밀레이스가 포함되어 있다. 이는 녹말을 가수분해하여 맥아당을 생성한다. 하루에 분비되는 아밀레이스는 1.6mg이고 이는 음식을 쉽게 삼키게 할뿐더러 구강 속의 세균 증식을 억제하여 충치를 예방하고 혈액을 응고시키고 스리(음식을 먹다가 볼을 깨물어 생긴 상처) 같은 상처치유를 돕는다. 아밀레이스는 pH 4이하에서 작용하지 않는다. 이는 위액과 섞이면 활성을 상실한다.

2) 위에서의 소화
위에는 탄수화물 가수분해 효소가 존재하지 않는다. 타액 아밀레이스는 위 속으로 들어온 음식물이 위액과 완전히 섞이며 활성을 상실한다.

3) 장에서의 소화
탄수화물 소화는 췌장액과 장액에 있는 효소의 작용을 통해 주로 소장에서 일어난다. 췌장액에는 녹말과 덱스트린을 맥아당으로 가수분해하는 췌장 아밀레이스가 포함되어 있다.

5. 지방 소화

1) 입에서의 소화
혀 라이페이스(lingual lipase; 혀 리파아제)는 혀밑샘(sublingual gland; 설하선)의 샘꽈리 세포(acinar cell; 선포세포)에서 분비되는 효소로, 지질의 소화를 도와준다.

2) 위에서의 소화
위 라이페이스 (최적 pH가 7에서 8) 는 위에 있지만 위액의 pH가 1에서 2로 낮아서 지질은 거의 소화되지 않는다. 지방이 소화되려면 유화되어야 할 필요가 있는데 위에서는 유화가 일어나지 않는다.

3) 장에서의 소화
췌장은 몇 가지 효소를 분비한다. 라이페이스(lipase; 리파아제)는 작은 지방 덩어리를 지방산과 중성지방(triglyceride; 트라이글리세라이드)으로 분해한다.
소장에서는 췌장 라이페이스가 지방을 가수 분해하여 글리세롤과 지방산을 생성한다. 이때 유화제인 담즙산염의 도움을 받는다.

6. 단백질 소화

단백질 소화는 위에서 시작된다. 산성이 높은 위 속의 환경이 폴리펩타이드(polypeptide) 사슬의 펩타이드 결합(peptide bond)을 노출하며 단백질 구조를 쉽게 파괴한다.

1) 위에서의 소화

효소원(zymogen)인 펩시노겐(pepsinogen)은 위에서 염산과 혼합되면서 활성효소인 펩신(pepsin)으로 전환된다.

펩신(pepsin)은 단백질분해효소(protease; 단백질 소화 효소)이며, 위장에서 생성되는 소화계통의 주요 소화효소중 하나이다.

2) 소장에서의 소화

소장(small intestine)에서 분비되는 키모트립신(chymotrypsin) 그리고 트립신(trypsin)과 함께 일하는 펩신은 특정 유형의 아미노산간의 연결을 끊어 더 짧은 폴리펩타이드 사슬로 만든다. 이어서 펩티데이스(peptidase; 펩티다아제)라는 다른 효소가 이 폴리펩타이드 사슬의 말단에서 한 번에 하나씩 아미노산을 분리한다. 소장은 이렇게 생성된 아미노산을 쉽게 흡수할 수 있다.

소화 종류	소화 장소	소화액과 효소	기질	생성물
침	입	침(혀 라이페이스)		
위	위	위액(라이페이스)	지방	지방산, 글리세롤
위	위	위액(펩신)	단백질	폴리펩타이드
장	소장	장액(아미노펩티데이스)	폴리펩타이드	아미노산
장	소장	췌장액(트립신)	단백질	폴리펩타이드
장	소장	췌장액(키모트립신)	단백질	폴리펩타이드
장	소장	췌장액(췌장라이페이스)	지방	지방산, 글리세롤
장	소장	췌장액(카르복시펩티데이스)	폴리펩타이드	아미노산

7. 탄수화물 흡수

탄수화물의 주된 소화는 소장에서 일어난다. 탄수화물에서 다당류와 이당류는 단당류로 가수분해된다. 단당류는 열과 에너지를 생성하기 위해 단당류의 일부는 다당류인 글리코젠으로 전환되어 간이나 근육에 저장되고, 나머지는 지방으로 되어 지방조직에 저장된다. 탄수화물은 두 가지 방법으로 흡수되는데, 첫 번째로는 촉진 확산으로 소장 내의 어떤 영양소가 혈관 및 림프관에 있는 영양소보다 농도가 높다면 농도 차이에 의해서 고농도에서 저농도로 물질이 이동하는 것이다. 촉진 확산은 운반체만 필요할 뿐, 에너지는 소모되지 않는다. 단당류 형태의 탄수화물 중 과당이 촉진된 확산에 의해 흡수된다. 두 번째로는 능동수송으로 장 내의 어떤 영양소가 혈관 및 림프관에 있는 영상보다 농도가 낮다면 농도 차이를 역행하여 물질을 이동시키기 위한 운반체와 에너지가 필요하다는 것이다. 단당류 형태의 탄수화물 중 포도당과 갈락토오스가 능동수송에 의하여 흡수된다. 이렇게 두 가지 방법에 의해서 흡수된 단당류는 간문맥을 거쳐 간으로 운반된다. 단당류의 흡수속도는 6탄당이 5탄당보다 빠르며, 포도당의 흡수속도를 100으로 할 때, 과당은 43, 갈락토오스는 110이다.

8. 지방 흡수

지방 흡수는 주로 소장에서 이루어지며 장에서 지질이 흡수되려면 담즙산염 필요하다 우리가 섭취하는 지방의 대부분은 중성지방의 형태로 되어 있으며 중성지방은 글리세롤 한 분자에 세 개의 지방산이 결합 되어 이루어진다. 지방은 리파아제에 의하여 가수분해된다. 리파아제는 구강 및 위장에서도 소량 분비되나 주로 췌장에서 합성 분비되는 췌장 리파아제에 의하여 가수분해된다. 지방은 물에 녹지 않으므로 소화되기 위해서는 유화제 역할을 하는 담즙산이 필요하다.

십이지장에 음식물이 도달하게 되면 CCK가 분비되어 담낭을 수축시켜 담즙이 분비되고, 담즙 내 존재하는 담즙산에 의하여 지방 입자가 잘게 쪼개지고 수용성인 소화효소인 췌장의 리파아제의 작용을 쉽게 하고 또 미셀을 형성하여 지질을 가용화시키고, 담즙산과 유화된 지질은 췌장 리파아제의 작용을 받아 가수분해된다. 이렇게 장관 내에서 효소에 의하여 가수분해 산물인 지방산과 모노글리세라이드는 담즙산에 의하여 미셀을 형성하여 소장 유무 세포를 통하여 소장 점막 세포 내로 흡수된다.

9. 단백질 흡수

단백질의 가수분해 최종 산물은 아미노산이며 아미노산은 주로 소장에서 흡수, 효소 필요하다 혈액 속으로 수송되는 메커니즘은 6가지인데, 첫 번째로는 글리신과 같은 작고 중성인 아미노산을 위한 수송 시스템 두 번째로는 페닐알라닌과 같은 크고 중성인 아미노산을 위한 시스템 세 번째로는 리신과 같은 염기성 아미노산을 위한 시스템 네 번째로는 아스파르트산과 같은 산성 아미노산을 위한 시스템 네 번째로는 아스파르트산과 같은 산성 아미노산을 위한 시스템 다섯 번째로는 프롤린을 위한 시스템 마지막 여섯 번째로 매우 작은 펩타이드를 위한 시스템이 있다.

단백질 흡수에서 수많은 아미노산이 펩타이드 결합을 통해 형성된 폴리펩타이드를 단백질이라고 한다. 한 분자의 단백질은 수백, 수천 개의 아미노산으로 구성되어 분자 구조가 복잡하고 크다. 아미노산은 체내에서 합성이 되지 않아 식사로만 섭취되어야 하는 필수 아미노산과 그렇지 않은 비필수아미노산으로 구분할 수 있다. 단백질이 소화되기 위하여 먼저 단백질 특유의 기능적 형태를 잃고 긴 사슬 구조가 되어 효소가 효율적으로 작용할 수 있도록 변성이 되어야 소화작용이 원활히 이루어질 수 있다. 이러한 변성 작용은 조리과정에서 가열 등에 의하여 일어나며 위산에 의하여도 일어난다. 변성된 단백질은 위장 및 췌장에서 분비되는 단백질 분해 효소에 의하여 펩타이드 결합이 끊어져 소화가 시작된다.

10. 철 흡수

철 흡수는 배설이 아닌 흡수에 의해 조절된다. 성인의 체내는 약 3~5g의 철을 함유하고 있다. 철은 소장의 상부인 십이지장에서 흡수된다. 섭취한 철의 약 5~10%는 정상적으로 흡수된다. 위 산도는 철을 안정하고, 흡수 가능하고, 복합체로 전환되는 것을 도와준다. 철의 흡수를 어렵게 하는 요인에는 첫 번째로 Fe^{3+}가 Fe^{2+}로 환원되어야 흡수된다는 것이다. 두 번째로는 소장의 pH가 비교적 높아서 불용성의 철 화합물이 증가한다는 것이다. 세 번째로 철은 담즙산염과 불용성의 화합물을 형성한다는 것이다. 네 번째로 인산염은 불용성의 철 화합물을 형성한다는 것이고, 다섯 번째로 철 흡수는 위 산도를 필요로 한다는 것이다.

위액에 HCl이 결핍되면 대부분의 철 흡수 억제되는데, 이때 제산제를 복용하면 철 흡수 감소한다. 소장의 장세포에는 여러 종류의 철 흡수 단백이 있고 이들에 의해 이온 형태(2가 철, 3가 철)의 철과 헴철을 흡수한다. 헴철은 혈색소, 미오글로빈 같은 헴단백과 연계되어 있고 비헴철은 페리틴 등 여러 가지 저장 단백과 연계되어있다. 헴철의 흡수기전은 두 가지로, 장세포에 있는 수용체에 붙어 흡수되든가 헴 자체가 세포내이입에 의해 흡수되고 불안정하게 철풀로 모아진다. 분해되지 않은 헴은 직접 혈액으로 흡수될 수도 있다. 헴철의 흡수가 많으면 인체 저장철이 증가하여 제2형 당뇨병 발생 위험이 커진다. 이에 비하여 식이철(비헴철)과 철보충제 섭취는 제2형 당뇨병 발생 위험과 관계없다.

1) 장세포에서 혈액으로 철 유출

음식에 있는 철이 장세포로 흡수되면 그다음 단계는 세포내의 철풀에 따라 결정된다. 철은 FPN1이 관여하여 장세포에서 혈액으로 유출되는데, FPN1은 대식세포에 다량 존재하는 매우 특별한 철 유출 단백질이다. FPN1은세포내 철에 의해 유도되고 헵시딘에 의해 억제되고 리소좀에서 파괴된다. 철이 혈액으로 들어가면 철산화효소에 의해 2가 철이 3가 철로 산화되어야 트랜스페린과 결합할 수 있다. 간에서 생산되는 세룰로플라스민도 철산화작용을 한다. 세포철의 유출 장애 때문에 세룰로플라스민 결핍증에서 빈혈이 생긴다.

2) 장에서의 철 대사 이상

장에서 일어날 수 있는 철 대사 이상으로는 위장관을 통한 철 손실의 증가가 가장 빈번하다. 위장관 출혈이 있으면 철 손실과 철결핍빈혈을 일으키게 된다. 위장관 출혈은 위십이지장궤양, 위암, 염증성장질환 등에서 일어난다. 대장암과 치질로 장 말단부위에서 출혈이 식도정맥류와 식도염, 식도암 등으로 식도에서 출혈이 나타난다. 장에서는 철흡수장애도 일어난다. 위를 절제하게 되면 위액분비가 줄어들어 위장관의 pH가 알카리쪽으로 기울기 때문에 철 흡수가 장애를 받게 된다. 위점막위축으로 철 흡수를 감소시키고 위십이지장궤양을 일으켜 출혈이 일어나 철 손실이 생기게 된다. 양성자펌프억제제와 항산제 등의 약물을 통해 pH를 높여 장에서 철 흡수를 감소시킨다.

3) 철 운반과 세포의 철 흡수

트랜스페린은 혈장에서 철을 운반하는 단백이다. 트랜스페린 결합 부위의 20~40%는 3가 철로 채워져 있다. 철포화지수는 철부하의 중요한 지표가 된다. 혈액 내에서 철이 트랜스페린에 의해 운반되려면 흡수된 2가 철이 3가 철로 산화되어야 한다. 3가 철은 철과 친화력이 강한 트랜스페린에 결합 되어 인체 내에 철이 필요한 곳으로 운반된다. 보통 정상 생리 상태에서는 트랜스페린의 30%가 철과 결합 되어 있는데 이런 상태는 트랜스페린 비결합철이 갑자기 증가하여 조직에 침투하여 산화 손상을 일으킬 수 있는 상황을 완충시킬 수 있다.

11. 비타민 흡수

비타민은 우리 몸에서 다양한 중요한 기능을 수행하는 미량 영양소이다. 하지만 비타민은 대부분을 우리 몸에서 합성할 수 없기 때문에, 식사를 통해 섭취해야 한다. 비타민의 흡수는 음식물에서 비타민이 소화되고, 그 후 소화관을 통해 혈류로 이동하는 복잡한 과정이다. 이 과정에서 비타민의 종류에 따라 흡수 방식이나 효율성에 차이가 있다. 비타민의 흡수는 크게 수용성 비타민과 지용성 비타민으로 나눠지며, 각각의 특성과 흡수 과정도 다르다.

1) 비타민의 종류
비타민은 크게 수용성 비타민과 지용성 비타민으로 나뉜다.

① 수용성 비타민
수용성 비타민은 물에 용해되며, 주로 소화기관에서 혈액으로 쉽게 흡수된다. 대표적인 수용성 비타민에는 비타민 C와 B군이 있다. 이들은 체내에 저장되지 않기 때문에, 과잉 섭취하더라도 주로 소변으로 배출된다. 따라서 이들을 일정량씩 꾸준히 섭취하는 것이 중요하다. 수용성 비타민의 흡수는 대개 소장의 상피세포에서 이루어지며, 흡수된 비타민은 혈류를 통해 필요한 부위로 운반된다. 비타민 C와 같은 일부 수용성 비타민은 음식에서의 흡수율이 상대적으로 높지만, 열이나 빛에 민감해 조리 시 손실이 클 수 있다.

② 지용성 비타민

지용성 비타민은 지방에 용해되며, 비타민 A, D, E, K가 이에 해당한다. 이들 비타민은 지방과 함께 흡수되므로, 지방이 포함된 음식과 함께 섭취하는 것이 중요하다. 지용성 비타민은 체내에 축적될 수 있기 때문에 과잉 섭취 시 독성이 발생할 위험이 있다. 예를 들어, 비타민 D를 지나치게 섭취하면 칼슘 과잉 상태나 신장 문제를 일으킬 수 있다. 지용성 비타민은 소장에서 흡수된 후 림프액을 통해 혈류로 전달되며, 후에 간이나 지방 조직에 저장된다. 이들은 몸에 저장되기 때문에, 수용성 비타민처럼 매일 섭취할 필요는 없지만, 장기적으로 결핍될 경우 문제가 발생할 수 있다.

1) 지용성 비타민의 흡수 (비타민 A, D, E, K)
   지용성 비타민은 지방과 담즙산염과 함께 흡수되는데, 그 이유는 지용성 비타민이 물에 녹지 않고 지방에 녹기 때문이다. 소화과정에서 음식물이 위에서 분해되고, 소장으로 이동하면서 지방과 담즙이 중요한 역할을 한다.

- 지방: 소장 상부에서 지용성 비타민이 지방과 결합하여 비타민이 흡수될 수 있는 형태로 만들어진다. 이 과정은 리파제(지방을 분해하는 효소)와 담즙산염이 필요하다. 담즙산염은 간에서 생성되어 담낭에 저장되며, 식사를 통해 지방이 들어오면 담즙산염이 분비되어 지방과 지용성 비타민을 미셀이라 불리는 미세한 입자로 결합시켜 소장의 상피 세포에 의해 흡수되게 한다.

- 담즙산염: 담즙산염은 지방을 유화시켜 지방을 작은 크기의 입자(미셀)로 만들고, 그 미셀 안에 지용성 비타민이 용해되어 소장에서 흡수된다. 이 미셀은 소장 상피세포의 세포막을 통과할 수 있도록 돕는다.
  따라서 멀티비타민 캡슐을 물과 함께 섭취할 경우, 비타민 A, D, E, K와 같은 지용성 비타민이 충분히 흡수되기 어려울 수 있다. 이 경우, 캡슐 속의 지용성 비타민이 제대로 흡수되지 않기 때문에 지방이 포함된 음식과 함께 섭취하는 것이 효과적이다.

2) 비타민 B12의 흡수

비타민 B12는 수용성 비타민으로, 흡수 과정이 다른 비타민들과 다르다. 비타민 B12는 위에서 생성되는 내인자와 결합해야만 소장에서 흡수될 수 있다.

- 내인자는 위의 벽세포에서 분비되는 단백질로, 비타민 B12와 결합하여 소장의 하부에서 비타민 B12의 흡수를 돕는다. 비타민 B12는 단독으로는 소장 상피세포의 수용체에 결합할 수 없기 때문에, 내인자와 결합한 후에만 소장의 특수 수용체와 결합하여 흡수될 수 있다.

- 흡수 과정: 위에서 비타민 B12가 내인자와 결합한 후, 소장 하부인 회장에 도달하면 이 복합체가 소장 상피세포에 있는 특정 수용체와 결합하여 세포 안으로 흡수된다. 이후 흡수된 비타민 B12는 트랜스코발라민이라는 단백질에 의해 운반되어 혈액을 통해 간과 다른 조직으로 전달된다.

따라서 비타민 B12는 내인자 없이 흡수될 수 없으며, 위에서 내인자가 제대로 분비되지 않거나, 소장에서 내인자와 결합할 수 있는 수용체에 문제가 생기면 비타민 B12의 흡수가 잘 이루어지지 않는다. 이로 인해 위장 질환이나 소화기 수술을 받은 사람들은 비타민 B12 결핍에 더 취약할 수 있다.

12. 대변 형성

대변 형성 과정은 소화되지 않거나 흡수되지 않은 물질들이 대장 내에서 대변으로 변형되는 일련의 과정을 말한다. 이 과정은 다음과 같은 단계로 이루어진다.

1. 소장에서 대장으로 이동: 소장에서 대부분의 영양소가 흡수되고 나면, 소화되지 않은 음식물과 물, 세균, 세포 찌꺼기 등이 대장으로 이동한다.

2. 대장에서 수분 흡수: 대장에서는 수분과 전해질이 흡수되며, 이 과정에서 대변은 점점 더 단단해진다. 대장은 수분을 재흡수하여 대변의 형태를 만들어 간다.

3. 대장 내 미생물 활동: 대장 내에 있는 미생물들이 소화되지 않은 섬유

질과 탄수화물 등을 발효시켜 가스와 지방산을 생성한다. 이 과정은 대변의 부피와 질감에 영향을 미친다.

4. 대변의 형성: 대장에서 수분과 전해질이 재흡수되면서 대변은 점차 굳어지고, 최종적으로 고형물 형태로 변형된다.

5. 직장으로 이동 및 배출 준비: 대변은 대장의 마지막 부분인 직장으로 이동하여 일시적으로 저장된다. 직장에서 대변이 일정량 쌓이면 배변 욕구를 느끼게 되고, 이는 신경 신호를 통해 배변을 유도한다.

6. 배변: 배변 욕구가 발생하면 직장에서 대변이 배출 준비를 마치고, 항문을 통해 외부로 배출된다. 이 과정을 통해 소화되지 않거나 흡수되지 않은 물질들이 대변 형태로 변형되어 체외로 배출된다.

13. 식이섬유

식이섬유는 소화되지 않거나 흡수되지 않는 식물성 물질로, 장 건강을 포함한 여러 가지 건강 효과를 제공한다. 식이섬유는 크게 수용성 식이섬유와 불용성 식이섬유로 나눠지며, 각각의 특성에 따라 건강에 미치는 영향이 다르다.

1) 식이섬유의 종류
① 수용성 식이섬유
수용성 식이섬유는 물에 녹아 겔 형태로 변하며, 장에서 물과 결합하여 부드러운 물질을 만든다. 주요 식품원으로는 오트밀, 콩, 사과, 당근, 배 등

이 있다.

> **주요 성분**
> • 펙틴: 과일과 일부 채소에 포함
> • 베타글루칸: 오트밀과 보리에 포함
> • 구아검: 콩류와 일부 과일에 포함

② 불용성 식이섬유

불용성 식이섬유는 물에 녹지 않으며, 대장에서 형태를 그대로 유지한다. 이 섬유는 주로 배변 촉진에 중요한 역할을 하며, 대변의 부피를 증가시켜 배변을 원활하게 한다. 주요 식품원으로는 통곡물, 밀기울, 쌀겨, 견과류, 채소 등이 있다.

> **주요 성분**
> • 셀룰로스: 대부분의 채소와 곡물에 포함
> • 헤미셀룰로스: 통곡물과 채소에 포함
> • 리그닌: 주로 씨앗, 견과류, 과일의 껍질에 포함

2) 식이섬유의 건강 효과

① 소화 건강 개선

식이섬유는 장운동을 촉진하여 변비를 예방하고 개선하는 데 중요한 역할을 한다. 불용성 식이섬유는 대변의 부피를 늘려 배변을 촉진하며, 수용성 식이섬유는 대장에서 수분을 흡수해 대변을 부드럽게 만든다. 또한, 식이섬유는 장내 유익균의 성장을 도와 장 건강을 유지한다.

② 콜레스테롤 수치 감소

수용성 식이섬유는 장에서 콜레스테롤과 결합하여 배출을 촉진한다. 특

히 베타글루칸과 같은 수용성 섬유질은 LDL 콜레스테롤을 낮추는 데 효과적이다. 이는 심혈관 건강에 유익하며, 고지혈증 예방과 관리에 도움이 된다.

③ 혈당 조절

식이섬유는 혈당 상승을 늦추는 효과가 있다. 수용성 식이섬유는 음식이 소화되는 속도를 느리게 하여 혈당이 급격히 상승하는 것을 방지한다. 이는 당뇨병 예방과 관리에 유리하며, 인슐린 민감도를 높이는 데 도움이 될 수 있다.

④ 체중 관리

식이섬유는 포만감을 증가시켜 과식을 방지하고, 체중 관리에 도움이 된다. 수용성 식이섬유는 장에서 물과 결합하여 부피를 늘리고, 불용성 식이섬유는 대변의 부피를 늘려 배출을 원활하게 만든다. 이로 인해 식사 후 포만감이 증가한다.

⑤ 대장암 예방

식이섬유는 대장암 예방에 중요한 역할을 할 수 있다. 식이섬유가 대장에서 발효되면서 짧은 지방산을 생성하는데, 이는 대장 세포의 건강을 촉진하고 염증을 줄이는 데 도움이 된다. 또한, 대장 내 유해 물질을 배출시키는 역할을 하여 암 발생 위험을 줄일 수 있다.

⑥ 심혈관 질환 예방

식이섬유는 콜레스테롤 수치를 낮추고, 혈압을 정상화하는 데 도움을 주어 심혈관 질환의 위험을 감소시킨다. 또한, 섬유질이 풍부한 식단은 동맥경화와 같은 심혈관 질환 예방에 효과적이다.

⑦ 장내 미생물 균형 유지

식이섬유는 장내 유익균의 성장을 촉진하고, 유해균을 억제하는 데 중요한 역할을 한다. 특히, 식이섬유가 발효되어 생성되는 짧은 사슬 지방산은 장 점막을 건강하게 유지하며, 장염과 같은 질병을 예방하는 데 도움이 된다.

14. 소화와 흡수 결함

락타아제 결핍이 있는 사람들은 유당을 소화하는 데 어려움을 겪는다. 락타아제는 소장에서 유당을 포도당과 갈락토스로 분해하는 역할을 하지만, 이 효소가 부족하면 유당이 제대로 소화되지 않는다. 그 결과 유당은 소장을 통과하여 대장으로 넘어가게 된다. 대장에서 유당은 장내 미생물에 의해 발효되어 가스와 산을 생성하고, 이로 인해 복통, 설사 등의 증상이 나타난다.

1) 유당의 소화 과정

락타아제가 결핍된 사람은 유당을 소장에서 소화할 수 없다. 유당은 락타아제에 의해 포도당과 갈락토스로 분해되어 흡수되지만, 락타아제가 부족하면 이 과정이 일어나지 않는다.

2) 유당이 대장으로 넘어감

소장에서 소화되지 못한 유당은 대장으로 이동한다. 대장에서는 장내 세균들이 유당을 발효하여 가스와 산성 물질을 생성한다. 이 과정에서 발생한 가스와 산은 복통, 팽만감, 설사 등을 유발할 수 있다.

3) 흡수 문제

락타아제가 결핍된 사람은 포도당과 갈락토스를 제대로 흡수하지 못한다. 따라서 이들은 유제품을 섭취할 때 에너지 흡수가 제대로 이루어지지 않고, 소화불량과 같은 문제를 겪는다. 결과적으로, 이들은 유당이 포함된 음식을 섭취할 때 불편한 증상을 경험하게 된다. 또한 수크레이스가 결핍되어 있는 사람들은 초기 락테이스 결핍 때의 증상과 비슷하며 어떤 사람들은 이당류 가수분해효소가 없어 이당류를 배설하는 이당류설사증을 일으킨다.

9장

대사

탄수화물 대사

생물에서 에너지는 ATP라 칭하며 에너지의 사용처는 근육 수축과 운동, 분자와 이온의 능동수동, 수송생체 분자의 합성 등에 사용된다. 생물 시스템에서 에너지가 충분할 경우 에너지 연료 분해하지 않고, 큰 분자로 합성하여 저장한다. 탄수화물-지질-단백질 대사는 밀접한 관계를 맺고, 에너지를 생성하는 대사과정은 3단계로 구분한다. 첫 번째 단계는 큰 분자인 탄수화물, 지질, 단백질이 구성단위로 분해된다. (포도당, 지방산, 글리세롤, 아미노산생성) 두 번째 단계는 구성단위로부터 대사에서 중심 역할을 하는 공통 핵심 물질이 만들어진다. 마지막 세 번째 단계는 핵심 물질로부터 ATP가 만들어지는 과정이다. (크렙스 회로, 산화한 인산화 반응)

1. 혈당

1) 혈당

탄수화물의 최종 소화 산물-포도당, 과당, 갈락토스(단당류)이다. 임상에서 혈당이란 용어를 사용하는데 이를 '혈액 포도당'을 가르킨다. 혈당은 공복 상태에서 채혈했느냐 식후에서 채혈했느냐에 따라 혈당치의 변화가 심한데 임상적으로 혈당치는 '공복 상태'에서의 값을 뜻한다. 정상적인 성인의 혈당치는 70~105mg/dL의 범위이고 30분에서 1시간 사이에 120~130까지 상승하는 게 정상의 값이다.

상승한 혈당치는 인슐린 작용에 의해 1시간 30~2시간 이내 정상 상태로 돌아오며, 인슐린 외에도 글루카곤과 같은 호르몬의 작용이 혈당을 조절하기도 한다. 혈당치가 70mg/dL 이하인 것을 저혈당, 100mg/dL 이상인 값을 고혈당이라 칭하고 뇌의 에너지는 하루에 약 120g정도를 사용하기 때문에, 저혈당에서는 뇌에 에너지 공급이 부족하여 어지럼증이나 의식을 상실할 수 있다.

2) 신역치

포도당 재흡수의 최대 용량에 해당되는 혈중 포도당 농도를 신역치(renal threshold)라 일컫는데, 건강한 성인에서 198 mg/dL (11.0 mmol/L)에 해당된다. 이 농도가 넘어가면, 포도당 여과율이 감소하고, 포도당 배설이 증가하여 당뇨(glucosuria)가 일어난다.

3) 혈당의 감소

포도당은 ① 인슐린 분비 ② 글리코젠 합성 ③ 지방으로의 전환 ④ 신체에서의 정상적인 산화 반응 ⑤ 신 역치를 초과할 때 신장을 통한 배설 등의 방법으로 제거될 수 있고, 또한 운동을 통해 혈당을 낮출 수 있는데, 운동으로 혈당을 낮출 시에는 유산소운동이나 저항성운동 단독보다 두 가지 모두를 포함하는 복합운동을 하는 것이 혈당 조절에 더 효과적일 가능성이 있다. 저항성운동으로 인한 근육량의 증가는 포도당 흡수를 증가시킬 수 있고 유산소 운동은 인슐린 작용을 개선해 포도당 흡수를 증가시킬 수 있다.

2. 에너지원

신체에 필요한 에너지는 가수분해 시 다량의 에너지를 생성하는 어떤 고에너지 화합물로부터 유래하는데 이러한 형태의 주요 화합물은 아데노신 삼인산(ATP)이고, ATP→ADP+무기인(7600cal/mol의 열을 방출한다.) ADP→AMP+무기인(무기인으로 가수분해될 때 방출한다.)

ATP의 공급이 제한적이기 때문에 ADP는 무기인과 결합하여 ATP를 형성하고, 이가 인산화되며, 인산화의 연료는 포도당이다.

인체의 탄수화물 대사체의 탄수화물 대사

1. 글리코젠 합성
   포도당으로부터의 글리코젠 합성을 하는 과정이며, 이는 간과 근육에서 주로 일어난다. 이 과정은 포도당-6-인산이 포도당-1-인산으로 변환된 뒤 UDP-글루코오스로 활성화되고, 글리코젠 신타아제를 통해 글리코젠의 비환원 당에 추가되면서 진행되고, 혈당 조절과 에너지 저장에 필수적이다.

2. 글리코젠 분해
   글리코젠이 포도당으로 분해되는 것을 말하며, 이는 글리코젠으로부터 글루코오스-1-인산이 생성되는 과정으로, 글리코젠 포스포릴레이스 효소에 의해 촉진된다. 생성된 글루코오스-1-인산은 포도당-6-인산으로 전환되어 해당과정이나 다른 대사 경로로 들어가며 이는 특히 간에서 혈당을 조절하는 중요한 역할을 한다.

3. 해당 과정
   포도당 1분자가 2분자 피루브산으로 분해되는 과정을 뜻하며, 이는 세포질에서 일어나는 혐기성 대사 과정으로, 포도당 1분자가 피루브산 2분자로 분해되며 ATP와 NADH가 생성되는데, 이 과정은 10단계의 효소 반응으로 이루어지며, 특히 에너지 생성의 첫 번째 단계로 중요한 역할을 한다.

4. 오탄당 인산 경로
   포도당의 대체 산화 경로로서 NADPH가 생성되는 과정이며, 이는 세포질에서 진행되며 NADPH를 생성하고, 이는 지방산 및 스테로이드 합성과 같은 환원 반응에 사용된다. 또한 리보오스-5-인산을 제공하여 핵산 합성에 중요한 역할을 한다.

5. TCA회로(크렙스 회로or시트르산 회로)와 전자 전달계
   이산화탄소와 물이 형성되는 최종 산화 과정이며, TCA 회로는 미토콘드리아 기질에서 일어나는 과정으로, 아세틸-CoA가 이산화탄소와 고에너지 전자 운반체(NADH, FADH2)로 완전히 산화된다. 이어 전자 전달계는 NADH와 FADH2에서 전달된 전자를 이용하여 ATP를 생성한다. 이 과정은 산소를 사용하며, 산소가 부족할 경우 해당 과정과는 별도로 젖산 발효가 일어난다.

6. 당신생
   글리세롤이나 아미노사나 같은 비탄수화물인 물질로부터 포도당이 형성되는 과정이고 간과 신장에서 주로 일어나며, 피루브산, 글리세롤, 젖산, 그리고 특정 아미노산이 포도당으로 전환된다. 이는 특히 공복 상태에서 혈당을 유지하는 데 중요한 역할을 하며, 주요 효소로는 피루브산 카복실레이스와 포스포에놀피루브산 카복시키나아제가 있다.

3. 글리코젠 합성

글리코젠(glycogen)은 동물과 균류 그리고 세균에서 나타나는 포도당(glucose)의 저장 형태의 에너지원이다. 포도당 과량 상태에서 포도당이 중합하여 중합체인 글리코젠을 형성하여 저장되는데 글리코젠이 합성되는 과정을 글리코젠 합성이라고 한다. 이러한 과정은 주로 간과 근육에서 일어난다. 간은 고탄수화물 식이를 섭취한 후 글리코젠의 약 5%를 함유할 수도 있다. 하지만 12시간 공복 상태가 되면 글리코젠이 거의 없다.

포도당이 글리코젠으로 전환되는 것을 전체적으로 나타내면 다음과 같다.

$$nC_6H_{12}O_6 \rightleftarrows (C_6H_{12}O_6)n + nH_2O$$
(→글리코젠 합성, ←글리코젠 분해)

글리코젠 합성은 다음과 같은 여러 단계를 거쳐 일어난다.

포도당은 글루코키네이스와 인슐린의 작용에 의해 반응하여 포도당-6-인산(G-6-P)으로 전환된다.

$$포도당 + ATP \rightarrow G-6-P + ADP$$
(→글루코키네이스, 인슐린 참가)

포도당-6-인산은 포스포글루코뮤테이스의 촉매에 의해 포도당-1-인산(G-1-P)으로 전환된다.

$$G-6-P \rightarrow G-1-P$$
(→포스포글루코뮤테이스 참가)

포도당-1-인산은 UDPG 파이로인산화 효소의 촉매하에 우리딘 삼인산(UTG)과 반응하여 우리딘 이인산 포도당(UDPG)으로 전환된다.

$$G-1-P + UTP \rightarrow UDPG + 피로인산$$
(→UDPG 피로포스포릴레이스 참가)

UDPG에 있는 포도당은 글리코젠 합성 효소와 가지 효소에 의해 글리코젠으로 전환된다. 글리코젠 합성 효소는 인슐린과 고리형 아데노신 일인산(cAMP)에 의해 조절된다. 가지 효소는 1,4-글리코시드 결합이나 1,6-글리코시드 결합을 형성하는데 관여한다.

$$UDPG \rightarrow 글리코젠$$
(→글리코젠 합성 효소, 가지 효소 참가)

UDP는 ATP와 반응하여 UTP로 재생된다.

$$UDP + ATP \rightarrow UTP + ADP$$

4. 글리코젠 분해

글리코젠 분해(glycogenolysis)란 글리코젠 중합체로부터 포도당으로 분해되는 과정(glycogen + lysis = glycogenolysis)이다.

글리코젠 분해는 합성의 역반응이 아니다. 글리코젠의 분해는 여러 효소가 관여하는 순차적 효소 반응을 거쳐 이루어진다. 글리코젠의 분해 신호로 근육에서는 에피네프린, 간에서는 글루카곤과 에피네프린이 작용한다.

글루카곤과 에피네프린은 세포 내 cAMP(고리형태의 AMP) 농도를 증가시킨다. cAMP는 cAMP-의존적 단백질 인산화 효소를 활성화시키고, 활성화된 PKA는 글리코젠 가인산 분해 효소 인산화 효소를 인산화시킴으로써 활성화시킨다. 활성화된 글리코젠 가인산 분해 효소 인산화 효소는 비활성형 글리코젠 가인산 분해 효소의 인산화를 매개함으로써 글리코젠 가인산 분해 효소를 활성형으로 변환하여 글리코젠 분해를 촉진한다. 활성화된 글리코젠 가인산 분해 효소는 글리코젠을 가수 분해하여 포도당-6-인산를 생성하고 이들은 간과 근육에서 사용된다.

먼저 근육에서는, 포도당-6-인산은 해당 과정을 동해 ATP 생성하여 근수축의 에너지원으로 사용된다. 간에서는 포도당-6-인산이 인산 가수 분해 효소의 작용으로 포도당으로 변환되어 혈류로 방출되어, 혈당 조절이나 다른 장기로의 포도당을 공급하게 된다. 근육과 지방 조직엔 포도당-6-인산 인산 가수 분해 효소가 존재하지 않아서 포도당 공급원으로는 이용되지 못한다.

5. 글리코젠 저장병

글리코젠은 정상적으로 간과 근육에 저장되어야 한다. 일부 유전 질환에서는 글리코젠이 포도당으로 다시 전환되지 못하고 축적된다.

폰기에르케병: 간세포에 포도당-6-포스파테이스가 결핍되어 간에 글리코젠이 축적되는 병이다. 이 질환의 과정은 일반적으로 나이가 들어감에 따라 증상이 호전되는 경향을 보인다. 신생아기의 당원 축적병 I형의 1차적인 증상은 저혈당증이고, 보통 증상은 생후 3~4개월 때 시작되는데 간 비대, 신장비대, 요산 및 지질, 젖산염의 높은 수치, 저혈당의 지속으로 인한 성장장애와 근 쇠약이 있다.

폼페병: 글리코젠의 분해를 촉매하는 알파-1,4-글루코시데이스의 결핍으로 인해 글리코젠이 전신의 축적되는 질환이다. 폼페 병은 유아기 형(Infantile form)과 발병지연 형(Delayed onset form)으로 구분된다. 비록 이러한 신생아들이 태어날 당시에는 정상으로 보이지만 2~3개월 안에 증상이 나타나기 시작한다.

증상은 근육이 약해지고 근육의 긴장성이 감소된다. 비대심장근육병증이 나타나고, 심장으로 흐르는 혈액을 방해하는 혈관 벽의 비정상적 두께가 특징이고, 대개 왼쪽 심실에 영향을 준다.

코리병/포르브스병: 탈가지효소의 결핍으로 글리코젠이 간, 골격근, 심장에 비정상적으로 많이 저장되는 질환이다. 가장 흔한 증상으로 간비대(98%), 저혈당(53%), 성장장애(49%) 그리고 재발성 감염(17%)이 있다. 많은 양의 글리코젠이 간과 근육에 비정상적으로 축적되어 간비대가 나타난다. 성인기로 갈수록 간으로 인한 증상들은 대부분 사라지지만 간경화와 간암으로 발전할 수도 있다. 또한 혈당을 올리는 역할을 하는 호르몬인 글루카곤에 적절하게 반응하지 못해서 저혈당이 나타나며, 혈액 내에 지방 물질의 수치가 상승되는 고지혈증을 보인다.

기타 글리코젠 저장병으로 안더스병(간과 심장 부전으로 대개 첫 해에 사망), 맥아들 증후군(운동후 나타나는 근육피로와 강직), 타루이병(인산화 효소의 결핍으로 인해 많은양의 글리코젠이 근육으로 저장되는 질환)등이 있다.

6. 해당과정

1) 해당과정(glycolysis)=엠덴-마이어호프

포도당이나 글리코젠이 세포질 내에서 산화되어 피루브산/젖산으로 변하는 과정이다.

해당과정은 산소가 없어도 일어나는 혐기성 과정이며, ATP 공급하기 위해 발생하는 첫 번째 반응이다.

2) 해당과정의 10단계

1단계. 포도당(Glucose) ➡ 포도당 6-인산(Glusoce 6 phosphate, G6P)

(1) 효소 헥소카이네스 (Hexokinase, 육탄당인산화효소)를 사용해 포도당의 6번 탄소에 인산기가 붙어 포도당 6인산이 생성된다.

(2) 이 과정에서 ATP 한 분자가 사용되어 분자 구조의 변화가 발생해 포도당 6번 탄소의 -OH기와 탈수 축합 반응 발생한다.

(3) 생성물은 포도당 6인산(G6P)이다.

2단계. 포도당 6-인산(G6P) ➡ 과당 6-인산(Fructose 6 phosphate, F6P)

(1) 2단계는 포도당 6인산을 과당 6-인산으로 이성질화하는 단계이다.

(2) 효소 포스포글루코스 이성질화효소 (Phosphoglucose isomerase, 인산 포도

당 이성화효소)가 사용된다.

(3) 생성물은 과당 6인산(F6P)이다.

> (1) 3단계&4단계 반응이 발생하기 위해서는 1번 탄소에 알코올기(-OH)가 필요한데, 도 당 6-인산은 1번 탄소에 알데하이드 작용기가 위치하므로 적합하지 않은 형태를 띠고 있다.
>
> (2) 4단계에서 3번과 4번 탄소 사이에 결합이 끊어지는 데 2번 탄소에 카보닐기가 위치 해야 한다.

3단계. 과당 6-인산 ➡ 과당 1,6-이인산(Fructose 1,6-bisphosphate, F1, 6BP)

(1) 효소 포스포프럭토카이네이스 (Phosphofructokinase-1, PFK-1, 인산 과당 인산화효소)가 사용된다.

(2) 과당 6인산에 인산기를 붙여 과당 1,6이인산을 생성한다.

(3) 생성물은 프럭토스 1, 6 이인산(F1,6BP)이다.

4단계. 1, 6 과당 이인산(F1, 6BP) ➡ 글리세르알데하이드 3-인산(Glyceraldehyde 3-phosphate, GA3P)과 다이하이드록시아세톤인산(Dihydroxyaceton phosphate, DHAP)

(1) 효소는 알돌레이스(Aldolase)를 사용한다.

(2) 투입되거나 나오는 물질은 딱히 없지만, 반으로 나누어지기에 앞으로 나오는 모든 분자들에는 x2를 해야 한다.

(3) 생성물은 다이하이드록시아세톤 인산(DHAP)과 글리세르알데하이드 3인산(GA3P)

반으로 나누어질 때 위에 놓인 분자는 인산기가 1번에 위치할 것이고, DHAP라고 부른다. 반면, 잘릴 때 아래에 놓인 분자는 인산기가 3번에 위치할 것이고, GA3P라고 부른다.

5단계. 다이하이드록시아세톤 인산(DHAP) ➡ 글리세르알데하이드 3-인산(GA3P)

(1) 효소는 삼탄당 인산 이성질화효소 (Triose phosphate isomerase)를 사용한다.
(2) 5단계의 효소는 삼탄당인 반응물을 이성질화하고, 둘은 서로 이성질체 관계이기에 상호전환이 가능하다.
(3) 생성물은 글리세르알데하이드 3인산(GA3P) 두 분자이다.
   두 반응물은 가역적으로 전환이 가능하지만, GA3P만이 앞으로 진행될 당분해 과정에 참여할 수 있으므로, DHAP는 빠르게 GA3P로 전환가능하다.

6단계. 글리세르알데하이드 3-인산(GA3P) ➡ 글리세르산 1,3-이인산(1,3-bisphospho- glycerate, 1,3BPG)

(1) 효소는 GA3P 탈수소효소 (GA3P dehydrogenase)를 사용한다.
   탈수소효소로 산화-환원 반응을 촉매 GA3P는 산화되어 1,3BPG가 된다.
(2) NAD^+는 NADH로 환원되고, 무기 인산은 반응물에 결합한다.
   NAD^+는 반응물이 산화되며 뜯겨져 나온 전자 2개와 양성자 하나를 받은 뒤 NADH로 환원된다.
(3) 생성물은 글리세르산 1, 3 이인산(1, 3BPG)이다.
   새롭게 붙인 인산기는 고에너지를 지니고 있으므로, 7단계에서 ATP를 합성하는 데 사용된다.

7단계. 글리세르산 1, 3-이인산(1,3-BPG) ➡ 글리세르산 3-인산(3-Phosphoglycerate, 3PG)

(1) 효소는 글리세르산인산 카이네이스(Phosphoglycerate kinase, 인산 글리세

르산 인산화효소)를 사용한다.

(2) ADP 한 분자가 인산화되어 ATP가 합성된다.

반응물(기질)에 있는 인산기를 떼어내 ADP를 인산화시켰기에, 이를 '기질 수준 인산화(Substrate level phosphorylation)'라고 칭한다.

(3) 생성물은 3-인산 글리세르산(3PG)이고, 이 과정에서 ATP는 총 2분자가 생성되었다.

8단계. 글리세르산 3-인산(3PG) ➡ 글리세르산 2-인산(2-Phosphoglycerate, 2PG)

(1) 효소는 글리세르산인산 뮤테이스(Phosphoglycerate mutase, 인산 글리세르산 변위효소)를 사용한다.

(2) 효소는 변위 효소로 3번 탄소에 있던 인산기를 2번 탄소로 옮겨주는 기능을 한다.

(3) 생성물은 2-인산 글리세르산(2PG)이다.

9단계. 글리세르산 2-인산(2PG) ➡ 포스포에놀피루브산(Phosphoenolpyruvate, PEP)

(1) 효소는 에놀레이스(Enolase)를 사용한다.

2PG에서 물 분자를 빼내면서 에놀구조(C=C-O-H, 탄소 이중결합에 하이드록시기가 붙은 형태)에 인산이 결합된 에놀인산 구조가 형성되고, 에놀인산은 고에너지 인산결합을 특징으로 한다.

(2) 효소 작용에 의해 물 분자 하나가 빠진다.

(3) 생성물은 포스포에놀피루브산(PEP)이다.

10단계. 포스포에놀피루브산(PEP) ➡ 피루브산(Pyruvate, PYR)

(1) 효소는 피루브산 카이네이스 (Pyruvate kinase, 피루브산 인산화효소)를 이용한다.

PEP가 가진 고에너지 인산결합을 분해하여 ADP로 전달해 ATP를 만들어내고, 산출물로 피루브산이 만들어지는 비가역 반응이다.

(2) ADP 한 분자가 인산화되어 ATP가 합성하고, 기질 수준 인산화 반응을 통해 2개의 ATP를 얻어낸다.

(3) 최종 생산물은 피루브산(Pyruvate)이다.

최종적으로 해당작용 결과 포도당 1개에서 2개의 ATP와 2개의 NADH가 생성된다. 이를 식으로 나타내면 아래와 같다.

Glucose + 2NAD+ 2ADP + 2 pi → 2pyruvate + 2NADH + 2H + 2ATP + 2H2O

7. 오탄당 인산 경로

오탄당 인산화 경로 (pentose phosphate pathway)란 포도당의 대사경로 중 하나로 핵산 합성에 중요한 오탄당을 공급하는 중요한 대사경로이다.

이 경로는 주요 조절 효소는 Glucose-6-phosphate dehydrogenase (G6PD)이며, 이 효소는 polo-like kinase (PLK1), SIRT2에 의해 활성된다.

오탄당 인산 경로의 과정은 산화과정과 비산화과정 두가지로 구분된다.

산화과정은

Glu 6P + 2NADP$^+$ + HO → ribose 5-P + 2NADPH + CO

포도당-인산-6으로 시작하여 인산글루콘산을 거쳐 리불로스-인산과 2개의 NADPH를 생성한다.

비산화과정은

리불로스-5-인산	→	리보스-5-인산
		자일룰로스-5-인산
		과당-6-인산 (F6P)과 글리세르알데히드-3-인산(GA3P)

로 전환되서 글리코시스 과정을 거쳐 에너지를 얻게 된다.

- 포도당-6-PD의 결핍
  G6PD의 결핍은 적혈구 대사와 관련된 효소의 유전자 결함으로 발생하고 유전적으로 결핍되면 용혈성 빈혈이 일어난다.
  이 효소가 결핍되면 적혈구의 NADPH 수준을 감소시키고, 특정 질병이나 약물에 반응하여 적혈구 파괴를 초래할 수 있다. 또한 적혈구 안에 있는 항산화제인 NADPH의 주된 역할은 글루티온의 수준을 적정하게 유지하는 것이다. 항산화제가 없으면 적혈구는 여러가지 약물에 의해 산화된다.

8. 호기성 대사 과정: TCA 회로

호기성 대사란 해당으로부터 생성된 젖산과 피루브산을 일련의 반응을 통하여 이산화탄소와 물로 전환하는 과정을 말한다. 이러한 반응을 TCA 회로 또는 시트르산 회로 또는 크렙스 회로라고 부른다. 포도당 한 분자가 산화되면 해당과정에서 2개 호기성대사에서 36개의 ATP를 생성하여 38개의 ATP를 생성하게 된다. 즉, ATP의 대부분은 산화적 인산화 반응으로 생성된다.

고에너지 인산결합마다 7.6Kcal/mol이 생성되면 포도당 1분자에서는 36x7.6kal/mol= 274kcal/mol이 생성되고 이론적으로는 686kcal/mol의 자유 에너지가 생성된다. 실제로 ATP로서 보존되는 에너지 효율성은 약 40%이고 60%는 호흡으로 날아간다. 또한 인체에서 실질적으로 사용할 수 있는 에너지는 포도당 1g당 약 4.1kal를 사용한다.

TCA회로의 반응식을 요약하면

Acetyl-CoA + 3NAD+ FAD + GDP + Pi + 2HO
$\rightarrow$ 2CO + CoA + 3NADH + 2H+ FADH + GTP

로 요약할 수 있다.

포도당 1분자당 생성되는 ATP의 수

ATP원	ATP분자 수
해당과정	2
TCA 회로	2
해당작용에서 2NADH의 산화적 인산화반응	6
피루브산→아세틸 CoA 과정의 2NADH*	6
TCA회로에서 6NADH	18
TCA회로의 2FADH*	4
합계	38

*NADH는 3ATP , FADH는 2ATP로 계산한다.

따라서 포도당 한 분자당 생성되는 ATP수는 38개이다.

9. TCA회로에서 비타민 B의 역할

TCA회로가 적절한 기능을 하기 위해서는 대표적으로 4개의 비타민 B가 필요하다.

1) 비타민B1(티아민)은 케로글루타르산이 아세틸-CoA 로 전환되는 과정에 쓰인다.

2) 비타민B2(리보플라빈)은 역 플라빈 아데닌 디뉴클레오타이드(FAD$^+$)를

구성한다.

   3) 비타민B3(니아신) - 수소운반체인 NAD를 구성한다.
   4) 비타민B5(판토텐산) - 에너지 대사를 위한 조효소A를 형성한다.

10. 산화적 인산화 반응: 전자 전달계(전자 전달사슬)

전자 전달계는 단백질 복합체로 구성되어 있다. 이 복합체들은 해당과정과 TCA회로로 생성된 NADH와 $FADH_2$로부터 전자를 받아들이고, 이 전자들을 최종 전자 수용체인 산소에 전달한다. 전자 이동으로 방출된 에너지는 ATP합성에 사용된다.

   1) NADH 탈수소효소는 NADH로부터 전자를 받아들이고, 이 전자를 조효소Q로 전달한다.
   2) CoA 탈수소효소는 $FADH_2$로부터 전자를 받아들이고, 이 전자를 조효소Q로 전달한다.
   3) 시토크롬 산화효소는 시토크롬으로부터 전자를 받아 구리→철→최종 전자 수용체인 산소에 전달해 결합시켜 물을 생성한다. (산소는 마지막 단계에서만 반응한다.) 2가지 금속(철, 구리)를 포함하고 있다. 시토크롬 산화 효소의 작용이 억제되면 모든 세포의 활동이 매우 빠르게 정지된다.
   전자 전달계는 산화적 인산화 반응이라고도 불리며 반응식은 다음과 같다.

$$NADH + H + 3ADP + Pi + 1/2O \rightarrow NAD + 3ATP + HO$$

많은 양의 NADH와 $FADH_2$가 TCA회로로부터 생성되고 조직에 산소가 풍부하게 공급되기 때문이다.

- 화학삼투 이론
  미토콘드리아 막을 통한 양성자의 이동이다. 즉, 수소이온 농도차를 가지고 산화적 인산화 반응을 설명한 것이다.
  1. 미토콘드리아 막은 이온들을 통과시키지 않고 외막에 축적하여 막 내외에 전기화학적 전위차를 형성한다.
  2. ATP합성은 미토콘드리아 내막의 안쪽에 있는 효소의 작용에 의해 일어난다.
  3. ATP합성은 막의 특수한 관문을 통하여 미토콘드리아 내막의 바깥쪽에서 안쪽으로 양성자가 이동하기 때문에 나타난다.
  4. 전위차는 막에 있는 ATP 합성 효소가 작용하도록 한다.
  5. 호흡 사슬은 막에서 3번 산화-환원 고리로 접혀있으며, 각 고리는 호흡 사슬의 부위와 일치 한다.

11. 당신생

당신생은 비탄수화물(아미노산, 글리세롤 등)의 물질로부터 포도당이 형성되는 대사 과정이고, 주로 간에서 일어난다.

인체가 정상적 기능을 하기 위해서는 포도당이 지속적으로 공급되어야 한다. 혈액에 포도당이 적으면 뇌 세포가 제대로 작동하지 못해 혼수와 사망에 이를 수 있다.

무산소 상태에서는 포도당이 골격근에 에너지를 공급하는 연료이다. 젖샘에서는 포도당이 젖당의 전구체이며, 태아에 의해 활발하게 사용된다.

이용할 수 있는 탄수화물이 충분하지 못할 때 인체의 필요량을 채우기 위해 당신생이 일어난다. 당신생은 고단백질 식이에 증가하고, 고탄수화물 식이에 의해 감소한다. 기아 상태 조직의 단백질이 분해되어 생긴 아미노산으로부터 당신생을 통해 포도당이 공급된다. 당뇨병은 식이 단백질과 조직 단백질이 당신생에 동원되기 때문에 몸이 쇠약해진다.

- 장시간 공복 상태 운동을 할 때, 혈당이 저하하는 것을 막기 위한 대사과정
 췌장 B세포로부터 인슐린 분비 억제하여 지질동원을 촉진되고, 에프네프린, 코티졸, 성장호르몬, 글루카곤 등 호르몬 분비가 자극된다. 또한 간과 근육에서는 당원분해, 지방조직에서 지질분해 촉진되고, 운동강도와 시간이 어느 수준 이상이 되면 근육에서 근단백질 분해가 촉진되며, 간에서는 당신생작용이 촉진된다.

- 당신생과 공복운동
 체지방을 감소시키기 위한 운동으로 식사를 하지 않고 운동을 하는 공복 운동이 관심을 받고 있다. 공복상태로 운동을 할 때는 혈당이 어느 수준까지 감소하는 것을 말한다. 혈당이 70 ~ 80mg/dl 정도나 그 이하로 감소할 수 있다.
 공복상태에서 운동할 경우 아미노산과 무산소성 해당과정에 의해 생성된 젖산이나 지질분해에 의해 생성된 글리세롤이 간에서 포도당으로 전환되는 과정을 당신생 과정이라고 한다.
 장기간 공복상태에서 혈당의 저하를 막기 위해 인체는 간에서 아미노산, 젖산, 글리세롤 등으로 당을 새롭게 만들어 내는 당신생 작용이 활발하게 일어나는 것이다. 그런데 간에서 글리세롤을 포도당으로 만드는 것보다 아미노산을 포도당으로 만드는 것이 더 쉬워 장시간 운동을 할 때 근단백질의 손실 위험이 높아진다. 이러한 측면으로 공복운동에 의해 체지방 감소의 효과가 나타날 수 있지만, 한편으로는 어느 수준 이상의 높은 강도의 장시간 운동은 근단백질의 손실을 초래할 수 있다. 그러므로 근단백질의 손실이 초래되지 않도록 적절하게 운동시간과 강도를 조절해야 한다.

12. 육탄당의 상호 전환

과당과 갈락토스는 포도당으로 전환된다. 필수 탄수화물은 존재하지 않는다. 어떤 육탄당도 다른 당을 생성하는 데 사용될 수 있다.

- 갈락토스혈증
 모유와 일반 우유에 포함되어있는 당분인 갈락토스를 포도당으로 전환 시킬 때 필수 효소가 부족하여 나타나는 유전성 탄수화물 대사질환이다. 1, 2, 3형이 있다.
 1형은 발육부전, 구토, 설사, 황달, 간기능 이상, 간경화와 같은 증상을 보이며, 초기에 급성 증상이 나타난다. 전형적인 유형이다.
 2형은 백내장을 일으키지만 발육 장애 및 간 장애가 동반되지 않는다.
 3형은 1형과 유사하지만, 경미한 경우 증상이 거의 없다.

갈락토스혈증의 검사방법으로는 혈액검사, 소변검사, 유전자 검사 3가지가 있다.

치료 및 관리 방법으로는 일반 유제품 및 우유가 포함된 모든 음식 제한하고, 평생 식이 제한이 이루어져야 하므로 식이요법 교육을 해야 한다. 갈락토스가 함유되지 않은 분유나 콩을 원료로 한 대체 분유로 변경을 하고 백내장 재발 방지를 위한 정기적인 안과 검진을 받아야 한다. 또한 우유 섭취 제한으로 칼슘이 부족해질 수 있어 칼슘과 비타민D가 풍부한 음식을 섭취(육류, 계란, 콩류, 과일, 채소, 곡물, 두유 등)하도록 한다.

13. 혈당 조절 호르몬

혈당 조절은 여러 호르몬에 의해 관리되며, 주요 호르몬은 인슐린, 글루카곤, 코르티솔, 아드레날린, 성장호르몬 등이다.

- 인슐린
  인슐린이란 췌장의 랑게르한스섬 내의 베타세포에서 합성되고 분비되는 호르몬이다.

구분	인슐린
분비기관	췌장 베타세포
주요 역할	혈당을 낮추는 작용
주요 작용	세포가 포도당을 흡수하여 에너지원으로 사용
발생조건	혈당 상승 시 분비
목표 기관	간, 근육, 지방세포 등
결과	혈당감소, 에너지 저장

혈당 조절과 관련한 질병은 당뇨병이며 당뇨병은 임상에서 직면하는 가장 흔한 배분비 질환이다. 유전적 요인으로 가족 내에서 당뇨병이 있는 경우 2형당뇨병의 발생 위험은 일란성 쌍생아는 10배, 직계가족은 3.5배 정도 높다. 환경적 요인으로는 고령, 비만, 스트레스, 임신, 감염, 약물 등이 있고 유전적 인자와 달리 노력으로 피할 수 있다.

당뇨병의 종류에는 원발성 당뇨병, 속발성 당뇨병이 있다.

	원발성 당뇨병	속발성 당뇨병
발생원인	당뇨병 자체가 원인	다른 질환이나 약물로 인해 2차적 발생
주요질환	1형, 2형 당뇨병	쿠싱증후군, 갑성선 기능 항진증
주요원인	유전적 요인, 생활습관 등	호르몬 불균형, 약물 사용, 췌장 질환
발병 연령	1형은 어린시절 2형은 성인	모든 연령대 발생 가능
치료	혈당조절	원인 질환 치료

1) 1형 당뇨병

전체 당뇨병의 약 5~10% 차지하며 자가면역 질환으로, 췌장에서 인슐린을 생성하는 베타 세포가 손상되어 인슐린 분비가 부족하거나 아예 되지 않는 상태를 말한다. 1형 당뇨병은 주로 어린이, 청소년 9~14세에 가장 많이 발생하며 약 75%가 18세 전에 나타나 소아형 당뇨라고도 한다.

2) 2형 당뇨병

전체 당뇨병의 약 90%를 차지하며 인슐린 저항성과 인슐린 분비 부족이 동시에 발생하는 만성 질환이다. 보통 성인 40세~80세에 발생하지만, 최근에는 어린이와 청소년 그리고 젊은 사람들에게 증가하는 추세여서 성인형 당뇨병이라고도 한다. 그 중 과도한 지방 축적은 지방 세포에서 염증성 물질을 분비하여 인슐린의 작용을 방해하고, 혈당을 제대로 흡수하지 못하게 만들며 특히 복부 비만이 인슐린 저항성을 악화시키는 비만이 가장 관련 증상이다.

3) 임신성 당뇨병

임신에 의해 유발되는 질환으로 태반락토젠, 난포호르몬, 황체호르몬 등의 태반 호르몬이 인슐린의 분비를 억제하는 작용과, 태반 인슐린 분해 효소의 작용으로 발병이 된다. 그리고 임신당뇨병 환자는 다음 임신 시 재발 위험이 50% 정도이다. 그래서 당뇨병이 없더라도 3년마다 당뇨병 검사를 받도록 권고한다.

- 당뇨병에서 대사 변화
  당뇨병에서는 인슐린 부족으로 인해 근육 및 뇌 조직에서의 포도당 흡수가 억제 되어 혈액에 포도당이 증가하고 고혈당증이 된다. 그리고 당뇨병은 인슐린 분비 부족이나 인슐린 저항이 주된 원인으로 발생하며, 그 결과 에너지 대사에 심각한 영향을 미친다.
  정상적인 경우, 포도당은 세포 내에서 당분해를 통해 피루브산으로 변환된 후, 미토콘드리아에서 아세틸-CoA로 전환되고, 이 아세틸-CoA는 TCA 회로로 들어가 에너지를 생성한다.
  정상적인 대사는 포도당 → 당분해 → 피루브산 → 아세틸-CoA → TCA 회로 → ATP, NADH, FADH2 → 전자전달계(ETC) → ATP 합성 과정을 거친다. 그러나 당뇨병에서는 인슐린 부족이나 인슐린 저항성으로 인해 세포 내 포도당 흡수가 감소하고, 간에서의 포도당 생산은 여전히 증가하여 고혈당 상태가 지속된다.
  이러한 대사 변화는 탄수화물 대사의 장애, 지방 대사의 변화, 단백질 분해 촉진, 그리고 수분 및 전해질 불균형을 포함한다. 이러한 변화들은 고혈당, 케톤체 축적, 체중 감소 및 심혈관 질환 등의 위험을 증가시킨다.

14. 당부하 검사

당부하 검사란 당뇨병 및 임신성 당뇨병을 진단하기 위한 중요한 검사이며 이 검사는 혈당 반응을 측정하여 인슐린의 작용 능력과 체내 포도당 대사의 상태를 평가한 것이다. 당뇨병 검사 목적은 당뇨병 진단과 임신성 당뇨병 검사로 나뉘고 공복 혈당이 정상보다 높은 경우 당뇨병 진단을 하고 임신한 여성의 당뇨를 검사할 때 임신성 당뇨병 검사를 실시한다.

- 당뇨병 검사의 진단기준
  일반 성인의 정상수치는 공복 혈당은 100mg/dL미만이고 2시간 후 혈당은 140 mg/dL미만이 정상수치이다. 공복혈당장애는 공복 혈당이 100-125mg/dL 2시간 후 혈당 140mg/dL미만인 경우이고, 당뇨병은 공복 혈당이 126mg/dL이상 이거나 2시간 후 혈당이 200mg/dL 이상인 경우 당뇨병으로 진단한다.
  임신성 당뇨병의 진단기준은 임신 24~28주에 2시간 후 혈당이 140mg/dL 이상이면 당뇨병으로 진단한다.

지질 대사

혈장 지질은 혈액 내에 존재하는 다양한 형태의 지방 분자로 우리 몸에서 에너지원으로 사용되거나 세포 구조를 형성하며 여러 생리적 기능을 지원한다. 혈장 지질의 균형은 건강 유지에 필수적이며 불균형은 심혈관 질환과 같은 건강 문제와 밀접하게 관련되어있다. 소화과정에서 지방과 인지질은 유화 된 후 지방산과 글리세롤로 가수분해 된다. 이러한 생성물들은 장 점막세포에서 트리글리세라이드로 합성되어 지질단백질 입자를 형성한 후 림프액으로 들어간 다음 흉관을 거쳐 혈액으로 들어간다. 지질은 물에 녹지 않기 때문에 장 점막 세포에서 수용성의 단백질과 결합하여 지질단백질을 형성한 후 혈액을 통해 수송된다.

혈장 지질은 주로 콜레스테롤, 트리글리세라이드, 인지질, 유리 지방산의 네 가지로 구성되어있다. 콜레스테롤은 세포막의 주요 구성요소, 세포의 유연성, 안정성을 유지를 도와주며 담즙산 생성에 관여해 지방 소화를 도움을 준다.

콜레스테롤 합성경로

Acetyl-CoA (HMG-CoA synthase) → HMG-CoA (HMG-CoA reductase) → Mevalonate → Cholesterol

트리글리세라이드는 에너지 저장 및 공급의 주된 형태로 지방조직에 저장 되었다가 필요시 에너지원으로 사용되는데 수치가 높을 경우 심혈관 질환 및 대사증후군의 위험이 증가할 수 있다.

인지질은 세포막 구성, 세포 내외의 물질의 이동을 조절하며 신경 및 신호 전달에 중요한 역할을 한다. 유리지방산은 에너지원으로 사용한다. (간, 근육, 심장에서 중요)그리고 지질 대사 과정에 필요한 중간산물이다. 혈장 지질의 대사 과정으로는 혈장지질이 간, 지방 조직등에서 합성 또는 저장되는데 음식물에서 지방이 소화되어 지방산과 모노글리세라이드로 분해된 후 소장 세포에서 흡수하고 소장에서 흡수된 지질은 단백질과 결합하여 킬로미크론이라는 지단백 형태로 혈액으로 운반된다. 남은 에너지는 트리글리세라이드 형태로 지방 조직에 저장되며 필요할 때 분해되어 에너지로 사용된다. 혈장 지질 이상과 질병의 연관성으로는 고지혈증 (혈장 지질 수치가 비정상적으로 높을 때. 보통 심혈관계 질환, 당뇨병, 비만과 관련이 있다.) 그 밖에도 동맥경화증, 대사증후군등이 있다.

이상지질혈증의 경우 식사 방법과 생활습관만 바꿔도 충분한 개선이 가능한데 처음으로 주의해야할 것은 지방섭취를 관리하는 것이다. 버터, 치즈, 고기 지방등의 포화지방을 줄이고 가공식품을 줄여야한다. 포화지방과 가공식품은 혈중 콜레스테롤을 증가시키고 심혈관 질환의 위험을 높인다. 반대로 불포화지방산의 섭취는 늘려야하는데 불포화지방산은 오메가3, 생선, 견과류, 아보카도, 올리브유등에 풍부하다. 혈중 중성지방을 낮추고 좋은 콜레스테롤을 증가시킨다.

과도한 탄수화물의 섭취는 중성지방 증가의 원인이 될 수 있으므로 정제된 탄수화물인 빵, 설탕, 흰쌀밥 대신 통곡물, 채소를 많이 섭취하는 것이 좋다. 그리고 콜레스테롤 흡수를 줄이는데 도움을 주는 수용성 섬유질이라는 것이 있는데 귀리, 보리, 사과, 당근 등이 수용성 섬유질이다.

생활습관으로는 중성지방을 증가시키고 체내 지질 대사에 부정적인 영향을 미치는 술 즉, 음주 줄이기와 포화지방과 트랜스지방이 다량 포함된 가공식품, 패스트 푸드 줄이기, 대사과정을 원활하게 하고 건강유지에 도움을 주는 충분한 물 섭취하기 그리고 걷기, 자전거타기등 규칙적인 유산소 운동이 중요하다.

지질	정상 범위
총 콜레스테롤	125-200
트리글리세라이드	40-150
HDL콜레스테롤	40이상(남) 50이상(여)
LDL콜레스테롤	100미만

1. 지방 흡수

지방의 소화는 주로 소장에서 이루어지며, 담즙산의 도움으로 지방산과 글리세롤로 분해된다. 이후, 분해된 지방은 용액 형태로 림프관을 통해 흡수되며, 일부는 간에서 인지질로 전환된다. 이러한 인지질은 세포막의 구성 성분이자 에너지 생성에 사용되고 초과된 지방은 지방 조직(adipose tissue)에 저장된다. 지방이 림프관으로 흡수될 때, 킬로미크론(chylomicron)이라는 지질 단백질 복합체로 형성되어 운반됩니다. 킬로미크론은 지방을 간과 조직으로 운반하며, 이는 지방 저장과 대사에 중요한 역할을 한다

지방 분해(lipolysis)는 트리글리세라이드가 지방산과 글리세롤로 가수분해되는 과정으로, 이는 cAMP에 의해 조절된다. cAMP는 지방 분해를 촉진하며, 이를 활성화시키는 주요 호르몬은 에피네프린(epinephrine), 노르에피네프린(norepinephrine), 글루카곤(glucagon) 등이 있다. 반면, 인슐린과 프로스타글란딘은 cAMP를 감소시켜 지방 분해를 억제한다. 에피네프린은

운동이나 스트레스와 같은 상황에서 지방 분해를 강화하며, 글루카곤은 공복 상태에서 주로 활성화된다. 반면 인슐린은 포도당이 풍부한 식사 후에 지방 저장을 촉진한다.

cAMP는 또한 특정 물질에 의해 그 분해가 억제될 수 있다. 예를 들면 카페인(caffeine)과 같은 메틸잔틴(methylxanthine) 계열의 물질은 cAMP를 분해하는 효소를 억제하여 cAMP의 농도를 증가시키며, 이는 지방 분해를 촉진하고 체내 에너지 소비를 증가시키는 효과를 가진다. 카페인은 운동 능력을 향상시키고, 지방산의 가용성을 증가시켜 체내 에너지원으로 더 많은 지방을 사용할 수 있게 한다. 이는 특히 지구력 운동을 하는 운동선수들에게 유익할 수 있다

결론적으로, 지방의 소화와 대사는 담즙산, 림프관, 간의 역할을 통해 흡수 및 저장되며, 호르몬과 특정 물질의 조절에 의해 분해와 에너지 대사가 이루어진다. 이는 체내 에너지 균형 유지에 중요한 역할을 한다. 추가적으로, 지방산이 분해되어 생성된 아세틸-CoA는 미토콘드리아에서 ATP로 전환되어 에너지를 제공한다. 이 과정은 특히 에너지가 부족한 상황에서 중요한 대체 경로로 작용하며, 베타 산화(beta-oxidation)라는 과정에 의해 진행된다.

2. 지방의 산화

1) 지방산의 산화

지방의 산화는 두 가지의 분해 산물, 즉 지방산과 글리세롤의 산화를 포함하고 있다. 탄소수와 이중결합의 수에 따라 종류가 다양해진다.

β-산화가 한 번 일어날 때는 지방산 사슬에서 두 개의 탄소 제거된 체로 산화가 진행하게 된다. 지방산 아실 사슬의 c 말단에서부터 2-C 단위로 아

세틸-CoA가 끊어지는 것이다. 이중결합 형성-탈수소화-싸이올 분해의 단계를 거치게 된다.

β-산화를 통해 지방산은 아세틸-CoA를 생성하게 된다. 탄소수가 14개 이하인 지방산에서는 미토콘드리아로 이동 가능하다. 탄소수 14개가 아닐 때에는 카니틴 왕복 통로를 통해 이동한다.

2) 글리세롤의 산화

글리세롤은 무색 무취의 점성이 있는 극성 액체이며 산업적으로 음식, 약품, 화장품 등에 다양한 용도로 사용한다. 글리세롤의 지방산 에스터 형태가 동식물의 지방에 존재한다. 간과 지방 조직에서는 글리세롤이 트리글리세라이드와 인지질 합성의 중요한 전구체로 사용된다. 분해된 글리세롤은 간으로 이동하게 된다.

분해된 지방산은 β-산화를 통해 아세틸-CoA로 전환 후 TCA 중간산물로 작용하게 된다. 지용성이기 때문에 혈액 내에서 혈중단백질인 알부민과 결합을 하여 체내 이동하게 된다. 지방은 세포안 지방과립으로 저장하고 조금씩 분해하며 지방산 베타 산화과정을 거치는 것은 미토콘드리아에서 발생한다. 베타 산화과정에 의해 지방산을 이루는 탄소 2분자가 아세틸로 나누어지고 이 활성아세트산은 TCA회로로 들어가게 된다.

3. 케톤체

1) 케톤체

케톤체란 아세톤체라고도 하며 아세톤, 아세토아세트산 및 D-β-하이드록시부티르산 3가지 물질을 총칭하여 말한다. 추가로 쉽게 말하자면 뇌는 포도당이 아닌 다른 연료를 사용할 수 있는데 이는 바로 케톤체이며 케톤체는 인슐린의 수준이 낮을 때 간에서 지방을 분해하여 생성하는 물질이다.

물질	특징
아세톤	아세토아세테이트의 부산물이다. 우리 몸에서는 주로 호흡으로 빠르게 배출된다. 호흡 측정기를 통해 BHB 생성량 추론이 가능하다.
아세토아세테이트산	지방산의 분해로 생성된다. BHB나 아세톤으로 변환 가능하다. 소변으로 배출가능하다. (소변 케톤 시험지에서 발견된다.)
베타-하이드록시 뷰티르산	간에서 남는 Acetyl CoA를 BHB로 전환하여 혈관을 따라 방출 된다. 화학구조는 케톤체는 아니지만 가장 효율적으로 케톤으로 변환되며 온 몸에서 에너지로 사용가능하다.

케톤체의 대사 과정은 탄수화물 대사가 제한적으로 일어나는 경우 신체는 뇌와 근육에 당신생을 통해서 포도당을 공급한다. 이를 위해 TCA 회로대사물질인 옥살아세트산(oxaloacetate)을 사용한다. 이렇게 되면 TCA 회로에서 이용할 수 있는 옥살아세트산의 양이 감소하고, 이로 인해 아세틸-CoA를 적절하게 사용하지 못하므로 간 세포에 아세틸-CoA가 증가한다. 더욱이 아세틸-CoA는 지방산의 β산화로 인하여 더 증간한다. 아세틸-CoA는 간에서 디아실레이스(deacylase)에 의해 아세토아세트산(acetoacetic acid)으로전환된다.

아세토아세트산은그다음에아세톤(acetone)과 β-하이드록시부티르산(β-hydroxy butyric acid)으로 전환된다.

2) 케톤증

케톤증과 관련된 질병은 크게 2가지로 첫 번째, 케톤혈증(setonemia)이며 이는 혈액에 케톤체가 과다하게 축적된 상태를 말한다. 두 번째, 케톤뇨증(ketonuria)은 소변에 케톤체가 과다하게 축적된 상태를 말한다. 마지막으로 케톤혈증과 케톤뇨증이 함께 나타나는 현상으로 케톤증(ketosis)이라고 하며 혈액과 소변에 케톤체가 증가한 상태인 종합적 상태를 말한다. 케톤증이 발병하는 이유는 당뇨병, 기아, 심한 간 손상, 고지방 및 저탄수화물 식이 때 나타난다.

Case 1 : 당뇨병에서 신체는 탄수화물을 산화하는 게 불가능하다. 그 대신 지방을 산화하는데 그로 인해 혈액과 소변에 케톤체가 축적된다.
- 당뇨병성 케톤증(diabetic ketoacidosis, DKA)이란 케톤체는 산성 물질이어서 케톤증에서 혈액의 pH가 낮아지는 것, 상태가 지속될 경우 치명적인 혼수에 이를 수 있다. 또한 당뇨병에서도 제1형 당뇨병 환자들에게 많이 발견되는 질병이다.
- 당뇨병성 탈수는 소변에 포도당의 증가로 인하여 나타나는 다뇨(polyuria)로 인해 일어나며 추가로 수분부족으로 극심한 갈증, 메스꺼움 및 쿠토, 호흡이 가빠지고 중증도가 심해진다면 의식을 잃고 사망에 이를 수 있다.

Case 2 : 기아가 지속되는 상태 또는 고지방 저탄수화물 식이 상태에서는 탄수화물 대신 지방이 산화되어 케톤증과 산증이 함께 나타나는 케톤산증을 초래한다.

Case 3 : 간 손상이 심할 때는 간에 필요한 양의 글리코젠을 저장하지 못한다. 탄수화물이 부족할 때 지방이 산화되어 케톤증을 일으킨다.

4. 지방산 산화의 손상에 의해 초래되는 대사 질환

- **자메이칸 구토병**(jamaican vomiting disease)

  아키나무의 익지 않은 생과일을 먹었을 때 초래되는 질병이다.
  - 원인으로는 익지 않은 생과일을 섭취 시 생과일에는 아실-CoA 탈수소 효소를 불활성화하는 독소 물질인 하이포글라이신이 포함되어 있어 β-산화가 억제된다.
  - 증상으로는 저혈당증이 나타난다.

- **레프슘병**(Refusm's disease)

  파이탄산의 축적으로 초래되는 희귀성 유전 질환이다.
  - 원인으로는 파이탄산은 β-산화를 억제한다. 간성 카르니틴 팔미토일기 전이 효소결핍, 근육 카르니틴 팔미토일기 전이 효소 결핍은 지방산 산화를 손상시켜 레프슘병이 진행된다. 또한 엽록체의 분해 산물인 C20의 측쇄지방산이 축적되는 독특한 과산화소체 대사장애로서 상염색체 열성으로 유전되는 질환이다.
  - 증상중 초기 증상은 망막색소변성으로 인한 야맹증이며 그 외에도 저혈당증, 혈장의 케톤체 저하, 근육 약화를 들 수 있다.

    증상이 처음 나타나는 시기는 소아기 초기부터 40대까지 다양할 수 있으나 대부분의 환자들은 20세 이전에 증상이 시작되며, 25-40%의 환자들은 10세 이전에 증상이 시작된다. 증상의 시작은 아주 천천히 진행되어 언제 시작이 되었는지 알기 어려운 경우가 많다.
  - 치료 방법으로는 질병의 원인이 되는 피탄산은 외부에서 섭취된 것이므로 이를 제한하면 증상이 호전된다.

    피탄산의 예로는 버터나 치즈 등의 낙농제품에 많이 함유되어 있고,

고기에도 많이 들어 있으며, 참치에도 높은 농도로 함유되어 있으므로 이러한 음식들을 제한해야 된다.

5. 지방저장

지방은 몸속에서 장기적인 에너지 저장 형태로 단위 무게당 9칼로리이다. 탄수화물이나 단백질에 비해 높고 효율적이다. 지방은 포도당이 과도하게 섭취되면 지방산으로 전환되어 지방의 형태로 저장된다. 지방은 공복시간이 길어지거나 단식 또는 기아 상태에서 중요한 에너지원으로 활용된다. 그 외에도 부가적으로 체온유지와 장기보호, 호르몬분비 등의 생리적 기능을 도와준다. 지방의 소화와 흡수과정으로서는 일단 음식물속 트리글리세라이드라는 물질이 담즙과 췌장에 의해 지방산과 모노글리세라이드로 분해된다.

트리글리세라이드 분해
Triglyceride (Lipase) → Glycerol + 3Fatty Acids

분해된 지방산은 소장의 미세융모에서 흡수되어 장세포로 이동하여 장세포에서 다시 흡수된 지방산과 모노글리세라이드는 다시 트리글리세라이드로 합성되어 단백질과 결합해 킬로미크론이라는 지단백입자로 변환된다. 그 후 킬로미크론은 림프계를 통해 혈액으로 운반된다. 혈액으로 운반된 킬로미크론은 조직으로 전달되어 저장된다. 지방세포는 무제한으로 지방을 축적할 수 있음으로 과도한 칼로리섭취에 유의해야한다. 지방저장과 관련된 대표적인 호르몬으로는 인슐린, 렙틴, 코르티솔이라는 3가지의 호르몬이 있다. 인슐린은 지방 저장을 촉진하는 호르몬이다. 렙틴은 지방조직에서서 분비되는 호르몬으로 저장된 에너지가 충분해지면 식욕을 억제하고 에너지 소비를 증가시킨다. 코르티솔은 스트레스 호르몬으로 지방 분해와 저장을 동시에 조절하며 만성 스트레스는 복부 지방축적을 증가시킨다. 지방저장의 이상은 대사 질환으로 이루어 질 수있는데 칼로리 섭취를 과도하게하면 비만이 될 수 있고 간세포내에 과도한 지방축적으로 지방간이라는 질환이 발생 할 수 있다. 대사증후군 및 비만환자에서 흔히 발생한다. 그리고 리포디스트로피라는 지방조직의 비정상적인 분포로 인해 지방 저장 또는 분해 과정에 문제가 생기는 질환이다.

지방저장은 균형이 중요한데 지방이 과도하게 저장되면 위와 같은 여러 합병증이 발생 할 수 있음으로 과도한 지방 축적을 예방하고 건강한 상태를 유지하기 위하여 일상에서 할 수 있는 지방관리 방법으로는 포화지방 및 트랜스지방을 낮추고 불포화 지방산의 섭취를 늘리고 적절한 칼로리를 섭취하는 균형잡힌 식사와 지방연소에 도움을 주며 근육양을 증가시켜 대사에 도움을 주는 규칙적인 유산소 운동 그리고 복부지방축적을 유도시키는 코르티솔이라는 것의 분비를 줄이기 위하여 스트레스관리와 병원에서 받는 정기적인 정기검진이 중요하다.

6. 지방 합성

지방 합성이란 포도당이 지방으로 전환되는 것이며 간과 지방 조직에서 일어나는데 지방 조직에서 우세하게 일어난다. 지방산의 합성은 미토콘드리아와 세포질 사이에서 일어나는데 특히 세포질에서 우세하게 일어난다. 미토콘드리아에서는 기존의 지방산 사슬 길이를 길게 하는 반응이 일어나며, 반면에 세포질에서는 아세틸-CoA로부터 지방산을 합성하는 반응이 일어난다.

반응 1. 지방산의 합성에 투입되는 성분은 아세틸-CoA이다. 이것은 아세틸-CoA 카르복실화 효소에 의해 카르복실기가 결합하여 말로닐-CoA로 된다.

반응 2. 3. 말로닐-CoA가 다른 하나의 아세틸-CoA와 반응하여 아세토아세틸 복합체를 형성한다.

반응 4. 아세토아세틸 복합체의 케톤기가 NADPH에 의해 알코올기로 환원된다.

반응 5. 생성된 알코올이 탈수되면서 불포화 물질로 된다.

반응 6. 생성된 불포화 물질이 NADPH에 의해 환원되어 포화물질로 된다.

반응 7. 생성물이 계속 회로를 반복하여 지방산이 만들어질 때까지 진행된다.

7. 인지질 합성

인지질은 세포막의 골격을 형성하는 주성분이기 때문에 아주 중요하다.
디글리세라이드는 지방의 합성 과정에서 나타나는 중간대사물질이며, 과정을 거쳐서 레시틴으로 전환할 수 있다. CDP콜린은 디글리세라이드와 반응하여 포스파티딜콜린, 즉 레시틴을 형성한다.
콜린이 결합했던 자리에 콜린대신 에탄올아민, 이노시톨, 세린을 결합하면 각각 포스파티딜에탄올아민, 포스파티딜이노시톨, 포스파티딜세린이라는 인지질이 형성된다. 여기서 트리글리세라이드가 형성이 되는데, 트리글리세라이드는 단순지질 혹은 중성지질이라고 불리며, 구성하는 지방산의 성질, 즉 탄소수, 포화, 불포화 등의 구성에 따라 다르다.

가수분해하면 지방산이 떨어지고 디글리세라이드, 모노글리세라이드를 거쳐 글리세롤이 된다. 생체에 있어서의 에너지의 운반과 저장, 피하지방으로서 보온이나 생체의 보호를 맡고 있다. 식이로서 섭취되는 지방은 주로 트리글리세라이드로서 장관에서 소화 흡수되어, 림프관에서 흉관을 거쳐 혈중으로 들어간다. 이것을 트리글리세라이드라고 일컬어진다.

8. 콜레스테롤

콜레스테롤은 신체의 모든 세포, 특히 뇌와 신경 조직에서 발견되는 중요한 지질 성분이다. 동물성 지방에 포함되어 있지만, 식물성 지방에는 존재하지 않는다. 성인은 하루 평균 약 500mg의 콜레스테롤을 섭취하며, 신체에서도 동일한 양을 합성한다. 합성은 주로 간(50%)과 장(15%)에서 이루어지며, 유핵세포를 가진 거의 모든 조직에서 가능하다는 특징이 있다

콜레스테롤은 일반적으로 담즙을 통해 배출되지만, 때로는 담석을 형성하여 담낭에 남아 있을 수도 있다. 또한, 콜레스테롤이 동맥벽에 축적되면 동맥이 경직되고 직경과 탄력성이 감소하는 죽상경화증이 발생할 수 있다. 이는 혈관 내 마찰과 혈전형성을 증가시키며, 심장에서 이러한 혈전이 관상동맥을 막으면 심근경색으로 이어질 위험이 있다

콜레스테롤은 스테로이드 호르몬(에스트로겐, 테스토스테론 등)과 뼈 건강에 중요한 비타민 D를 합성하는 재료로도 사용된다. 혈액 내에서 콜레스테롤은 단백질과 결합하여 이동하며, LDL과 HDL의 균형은 심혈관 건강에 큰 영향을 미친다. 이를 위해 포화지방 섭취를 줄이고, 규칙적인 운동 및 건강

한 식단을 유지하는 것이 중요하다 콜레스테롤은 건강을 위해 필수적이지만, 과도한 축적은 심혈관 질환을 유발할 수 있으므로 적절히 관리해야 한다.

콜레스테롤은 세포막의 필수 구성 성분이자 스테로이드 호르몬과 담즙산 합성의 전구체로 중요한 역할을 한다. 주로 간에서 합성되지만, 피부, 부신, 고환과 같은 다른 조직에서도 생성된다. 합성 과정은 세포 내 마이크로솜과 사이토졸에서 진행되며, 아세틸-CoA가 초기 단계에서 중요한 전구체로 작용한다. 하루 약 1.5~2.0g의 콜레스테롤이 합성되며, 이 중 절반은 간에서 생성된다.

콜레스테롤 수치는 심혈관 건강과 밀접한 관련이 있어 조절이 필요하다. 이를 위해 다양한 약물이 사용되며, 대표적으로 스타틴 계열 약물은 HMG-CoA 환원효소를 억제하여 콜레스테롤 생성을 감소시키고 LDL 수치를 효과적으로 낮춘다. 콜레스티라민은 담즙산염의 재흡수를 억제하여 간에서 콜레스테롤 소모를 유도하며, 니코틴산은 LDL과 VLDL의 생성을 억제하면서 HDL 수치를 높여 동맥경화를 예방한다.

이와 함께, 지질 대사와 관련된 질환으로는 지질 저장병이 있다. 테이-삭스병은 헥소사미니데이스 효소의 결핍으로 스핑고지질이 신경 세포에 축적되어 신경 퇴행과 운동 기능 상실을 유발하며, 주로 유아기에 증상이 나타난다. 니만-피크병은 스핑고미엘린이 간과 비장에 축적되는 질환으로 심한 경우 신경학적 손상을 동반하며 유아기부터 청소년기에 이르기까지 다양한 형태로 나타난다. 마지막으로 고셰병은 간, 비장, 림프절 및 골수에서 그물내피 세포가 과형성되어 지방대사에 장애가 생긴다.

이러한 질환은 효소 대체 요법이나 유전자 치료의 연구가 활발히 이루어지고 있으나, 여전히 치료가 제한적인 경우가 많다.

요즘 콜레스테롤과 관련된 대사 및 질환의 이해는 건강 관리를 넘어 신

약 개발과 질병 예방에 중요한 단서를 제공한다. 이를 통해 생화학적 지식을 심화하고 실제 임상에 적용할 수 있는 방향으로 학문이 발전해야 한다고 생각하며 이러한 연구가 보다 많은 사람들에게 혜택을 줄 수 있기를 기대한다.

9. 지질단백질 대사

지질은 물에 녹지 않기 때문에 림프액이나 혈액에서는 단백질과 결합하여 수송된다.

1. 섭취한 음식물중의 지질 성분이 소화와 흡수를 통해 장점막 세포 안으로 들어오면 소포체에서 지질 성분을 에스테르화하고 단백질과 결합하여 큰 입자의 킬로미크론(chylomieron)을 형성한다.

2. 장에서 형성된 킬로미크론은 입자가 크기 때문에 모세혈관으로 들어가지 못하고 융모 속에 있는 모세림프관인 유미관(암죽관)으로 들어가 림프액에 섞여 운반되다가 흉관을 통해 대정맥으로 들어간다. 킬로미크론이 혈액으로 들어오면 혈장이 우류처럼 뿌옇게 된다. 혈관 안에서 킬로미크론은 지질단백질 라페이스에 의해 트리글리세라이드 분해되어 입자가 점점 작아져서 잔여물이 된다. 이때 생성된 지방산은 근육이나 지방 조직으로 들어간다.

3. 킬로미크론 잔여물이 간세포 속으로 들어가 리소좀에 의해 분해된다. 간세포에서는 지질로 들어가 혈액으로 방출하는데, 이때도 지질 성분만으로는 혈액을 통해 수송이 되기 때문에 단백질과 결합하여 혈액으로 내보낸

다. 이러한 지질단백질 입자가 초저밀도 지질단백질(very low density lipoprotein, VLDL)이다. VLDL의 주성분도 트리글리세라이드인데 이것은 간에서 합성한 것이어서 내인성 트리글리세라이드(endogeneous triglyceride)라고 한다.

4. 혈액으로 나온 VIDL은 혈관에 있는 LDL에 의해 분해되어 중간밀도 지질단백질(intermediate density lipoprotein, IDL)이 된다. IDL은 더욱 더 지질 성분을 잃고 Apo B100을 제외한 아포지질단백질(apolipoprotein)의 대부분을 고밀도 지질단백질(high density lipoproten, HDL)에 전달한다. 이후 IDL은 저밀도지질단백질(low density lipoprotein, LDL)이 된다.

5. IDL로부터 만들어진 LDL은 간세포나 간 외의 세포에 수용체와 결합하여 흡수된다. 이러한 현상이 혈관에서 일어나면 콜레스테롤이 혈관에 계속 추적되어 덩어리를 이루고 대나무 마디에서 보는 것처럼 혈관 안쪽으로 돌출하여 혈액의 흐름을 막을 수 있다. 만일 이러한 현상이 심장에서 일어나면 심근경색으로 발전한다. HDL은 간과 장점막세포에서 생성되며 레시틴에 있는 지방산을 유리형 콜레스테롤에 전달하여 에스테르형 콜레스테롤을 만드는 레시틴 콜래스테롤 아실기전이 효소를 활성화하는 Apo A-I을 많이 함유하고 있다. HDL은 자신의 에스테르형 콜레스테롤을 ApoD의 매개를 통해 VLDL에 전달한다.

6. HDL은 말초조직에 있는 콜레스테롤을 청소하기 때문에 항동맥경화 지질단백질로 혈액에 농도가 높을수록 건강에 좋으며, 반대로 LDL은 농도가 높을수록 건강에 해롭다.

- **식사 직후의 지질단백질 대사**

지질합성이 증가하는 쪽으로 진행되어 여분의 포도당을 지질로 저장하는 경로가 촉진된다. 아세틸CoA 카르복실화효소(acetyl COA carboxylase), 지방산 합성효소(fatty acid synthetase), 말산효소(malic enzyme), NADPH를 공급하는 오탄당 회로의 효소들의 활성도가 증가된다. 세포 밖의 지질은 분해시키는 LPL 활성이 촉진되어 식사로 공급받거나 간에서 합성된 중성지질(TG)을 분해해 조직으로 흡수한 후 에너지로 사용하거나 주로 나중에 사용하기 위해 중성지질(TG)로 저장한다. 지방조직내의 중성지질(TG)을 분해시키는 호르몬 민감성 지질분해효소(HSL)의 활성은 감소되어 불필요하게 중성지질(TG)을 분해시키지 않는다. 중간 사슬 지방산은 에너지생성에 우선 사용되고 긴 사슬지방산은 저장된다. 지방산의 불포화 과정은 간에서 일어나는데 새로 만든 EPA, DHA 등은 간세포막 인지질에 결합되기도 하고 다른 조직으로 이동되기도 한다. 지방산은 체내에서 장쇄화(elongation)와 불포화 반응을 거치기도 하는데 그 예로 리놀레산은 아라키돈산으로 전환되어 세포막의 인지질을 이룬다

- **공복시 지질단백질 대사**

포도당의 저장형태인 글리코겐이 분해된다. 간의 지질이나 VLDL 등에서 방출되는 지방산이 에너지원으로 사용되고, 식사 후와 다르게 호르몬 민감성 지질분해효소의 활성이 증가되며 LPL 활성은 감소된다. 호르몬 민감성 호르몬의 작용으로 지방조직에서 방출된 지방산은 알부민의 도움으로 혈액내에서 이동하며 조직의 막을 통과하고 그곳에서 산화해 에너지원이 된다. 공복이 지속되면 지방산은 간에서 케톤체를 형성하여 근육 등 다른 조직의 에너지원으로 사용된다.

단백질 대사

1. 신체에서의 단백질 기능

소화 과정에서 단백질은 아미노산으로 가수 분해 된 후에 소장의 융모를 통해 흡수되어 혈액으로 들어간다. 아미노산은 아미노산 풀(amino acid pool)을 형성하면서 다음과 같은 기능을 발휘한다.

1. 새로운 조직을 형성하고 오래된 조직을 교체하기 위해 조직 단백질로 전환된다.
2. 헤모글로빈 형성을 돕는다.
3. 호르몬의 형성을 돕는다.
4. 효소의 형성을 도와 신진대사 및 분해대사 과정이 원활하게 진행되게 돕는다.
5. 신체의 필요한 아미노산을 합성하는 데 사용한다.
6. 에너지원으로 사용된다.
7. 핵산, 신경전달 물질 및 기타 신체 기능에 필요한 물질을 형성하는 데 사용된다
8. 단백질은 세포나 조직의 물리적 구조를 형성하거나 지탱하는 역할을 한다. (예: 피부, 머리카락, 손톱)
9. 단백질은 몸 안의 소량 물질들을 운반하거나 저장한다. (예:헤모글로빈은 산소 운반, 페리틴은 철을 저장)
10. 단백질은 세포 간의 정보 전달을 조절하는 신호 분자로 작용한다. (예:인슐린은 혈당 수준을 조절하는 신호를 제공)
11. 단백질 호르몬들은 생체의 다양한 생리적 과정을 조절한다. (예:성장

호르몬은 성장 및 세포 복제를 조절)

단백질은 생명체의 핵심 구성 요소로서 다양한 생물학적 기능을 수행하고 생존에 필수적이다. 단백질의 기능과 구조에 대한 이해는 의학 및 생물학 연구에 중요한 역할을 하며 건강과 질병 연구에도 큰 기여를 한다.

2. 질소 균형

질소 균형은 신체 내에서 질소의 섭취와 배설의 균형을 의미한다. 질소는 주로 단백질의 구성 요소로 존재하며 체내 단백질 합성 및 분해 과정에서 중요한 역할을 한다. 질소 균형 상태는 크게 3가지로 나뉜다.

1) 양의 질소 균형 (Positive Nitrogen Balance)

신체는 단백질을 저장할 수 없고 단백질은 질소를 포함하고 있어서 하루에 음식물을 통해 몸으로 들어오는 질소량보다 배설되는 질소량이 같아야 한다. 하지만 성장기에 있는 아이들은 신체 조직이 발육해야 하기 때문에 배설되는 질소량이 들어오는 질소량보다 적다. 한마디로 단백질 합성이 분해보다 많은 상태로 성장기, 임신, 회복 중인 환자, 운동 후에 발생한다. 이 상황에서는 몸이 더 많은 단백질을 만들고 있는 상황이다. 이러한 상태를 양의 질소 균형이라고 한다.

2) 0 균형 (Zero Nitrogen Balance)

섭취한 단백질과 배출되는 단백질의 양이 같은 상태이다. 정상적인 성인에서는 주로 이 상태가 유지된다.

3) 음성 질소 균형 (Negative Nitrogen Balance)

양의 질소 균형과 반대로 기아, 영양실조, 지속적인 고열 및 여러 가지 소모성 질환에서는 음식물을 통해 들어오는 질소량보다 배설되는 질소량이 많다. 한마디로 단백질 분해가 합성보다 많은 상태로 영양불균형, 질병, 스트레스, 또는 극단적인 운동으로 인해 발생할 수 있다. 이 상황에서는 신체에 저장된 단백질을 분해하여 에너지를 공급하는 상황이다. 이러한 상태를 음성 질소 균형이라고 한다.

적당량의 단백질을 섭취하지 못하면 음성 질소 균형 상태가 나타나고 사람은 결국 단백질 열량 부족증 또는 콰시오코르 (Kwashiorkor) 라는 단백질 결핍성 질환으로 발전할 수 있다.

3. 단백질합성

생물체 내의 단백질은 그 생물의 유전자에 의하여 합성이 이루어진다. 그러므로 개체마다 다른 형태나 기능의 차이는 각 개체 내의 단백질 종류 차이라고 할 수 있다. 이처럼 단백질은 생물체의 중요한 구성성분이며 또 효소로써 우리 몸에 반드시 필요한 물질이다. 식물이나 미생물은 스스로 필요한 단백질을 합성할 수 있지만, 동물은 그러한 능력이 없기 때문에 음식물로 아미노산을 섭취해야 한다. 단백질은 생명체의 기본 구성 요소로 인체 내 다양한 생리기능을 수행하는 중요한 분자이다. 단백질은 아미노산의 결합으로 이루어져있으며, 이러한 결합은 세포 내에서 일어나는 복잡한 과정에 의해 이루어진다. 단백질의 합성 과정은 전사, 번역, 폴리펩타이드 형성과 폴딩으로 볼 수 있다. 우선 단백질 합성의 첫 단계는 DNA에서 RNA로의 전사이다. 이 과정에서는 세포 핵 내에서 일어나며 특정 유전자의 DNA서열이 mRNA로 복사되고 RNA중합효소라는 효소가 이 과정을 촉진한다. 전사된 mRNA는 핵공을 통해 세포질로 이동한다. 두 번째 번역과정에서 세포질로 이동한 mRNA는 리보솜에 의해 번역된다. 리보솜은 mRNA의 코돈을 읽고, 각 코돈에 맞는 아미노산을 운반하는 tRNA와 결합한다. tRNA는 반대쪽 끝에 특정 아미노산을 결합하고 있으며, 이 아미노산들이 차례로 결합하여 폴리펩타이드 사슬을 형성한다. 마지막 과정인 폴리펩타이드 형성과 폴딩과정에서 리보솜에서 번역된 폴리펩타이드 사슬은 세포 내 특정 장소로 이동하여 1차 구조에서 2차, 3차, 4차 구조로 접히게 되는데 이 폴딩 과정은 단백질 기능적 형태를 결정하며, 샤페론 단백질이 이 과정을 돕는다.

영양학적인 필수 아미노산	영양학적인 비필수 아미노산	영양학적인 비필수 아미노산-전구체
이소류신(아이소류신)	알라닌	피루브산
류신	아르기닌(아르자닌)	글루탐산
리신(라이신)	아스파라긴(아스파라진)	아스파르트산
메티오닌(메싸이오닌)	아스파르트산	옥살아세트산
페닐알라닌	시스테인	세린, 호모시스테인
트레오닌	글루탐산	a-케토글루타르산
트립토판	글루타민	글루탐산
발린	글리신	세린
아르기닌(영아)	하이드록시리신	
히스티딘(영아)	프롤린	아르기닌
	세린	3-인산글리세르산
	티로신(타이로신)	페닐알라닌

신체에 필요한 몇 가지 아미노산은 다른 아미노산으로부터 합성 될 수 있고, 몇 가지 아미노산은 신체에서 합성이 안 되는데, 이러한 아미노산을

필수 아미노산이라고 하고 식품을 통해 공급된다. 영양학적으로 보면 필수 아미노산은 8종류(영아에서는 10종류)이다.

4. 비필수 아미노산의 생합성

비필수 아미노산은 인체 내에 합성할 수 있는 아미노산으로, 체내에서 당질 대사과정에서 발생하는 대사산물과 질소 또는 필수 아미노산으로부터 합성이 가능하다. 위에 표에 나타난 것처럼 신체에서 합성되는 비필수 아미노산들은 그들의 자원이 되는 전구체에 아민 질소가 적절하게 공급되어 만들어진다. 이러한 합성은 아미노기 전이 작용을 통해 이루어지며 아미노기 전이 작용이란 하나 또는 그 이상의 아미노산이 다른 아미노산으로 전환되는 반응이다. 모든 아미노산이 아미노기 전이 작용에 의해 글루탐산으로 전환될 수 있으며, 이 경로를 통해 신체가 필요로 하는 아미노산이 만들어진다. 아미노기 전이 작용은 아미노기 전이 효소에 의해 촉매되고 이 효소의 활성에는 조효소로서 비타민 B6인 피리독살 인산염이 필요하며, 아스파르트산 아미노기 전이 효소 AST는 간 질환에서 증가하고, 알라닌 아미노기 전이 효소 ALT는 감염성 간염에서 증가한다. 혈청 AST와 ALT는 임신 중이나 비타민 B6 결핍시에 감소한다. 아미노기 전이 작용의 예는 글루탐산과 옥살아세트산이 반응하여 α-케토글루타르산과 아스파르트산이 생성되는 반응이다. 이러한 아미노기 전이 작용은 AST에 의해 촉매되고, 신체에서는 아미노기 전이 작용 외에 몇 가지 비필수 아미노산을 합성하는 다른 반응이 일어난다. 어떤 유전 질환은 아미노산 합성을 촉매하는 효소의 결핍에 의해 초래되고 그러한 질환 중 하나가 PKU인데, 정산적인 상태에서 신체는 티로신으로 전환시킨다. 이 반응을 촉매하는 것이 페닐알라닌 수산화효소인데, 만일 이 효소가 유전적으로 결핍되면 티로신이 생성되지 못하지만 페닐알라닌은 아미노기 전이 작용에 의해 페닐 피루브산으로 전환된다. 이렇게 형성된 페닐피루브산은 혈액에 축적되고 소변으로 배설된다. 이렇게 소변에 페닐케톤체가 존재하는 것을 PKU라고 한다. 비필수 아미노산은 1.단백질 합성: 비필수 아미노산은 단백질의 구성 요소로 작용하여, 근육 및 다른 조직의 성장을 돕고, 2.에너지 생산: 알라닌과 글루타민은 에너지원으로 사용될 수 있으며, 체내 에너지 대사에 기여하고, 3.호르몬 생성: 티로신은 갑상선 호르몬과 같은 여러 호르몬의 합성에 필요하다. 이렇게 비필수 아미노산은 우리 몸에 필수적인 역할을 하며, 건강을 유지하는 데 중요한 요소이다.

5. 신체의 단백질 필요량

- 일반적으로 체중 kg 당 약 0.8g이 필요하다.

신체가 매일 정상적으로 조직을 교체하기 위해 일정한 양의 단백질을 필요로 하며, 대사와 비례하여 증가한다.

- 단백질 필요량 추정방법은 요인가산법, 질소 균형 실험법, 지표 아미노산 산화법이 있다.

1) 요인가산법은 소변, 대변의 질소배설량을 측정하고 손, 발톱, 머리카락, 피부로부터의 질소손실량을 추가하여 총 불가피 질소손실량을 산정하여 이를 최소 질소필요량으로 보고 식이단백질 필요량을 추정하는 방법이다. 1965년부터 이용되기 시작했고, 한국의 영양권장량 또한 이 방법을 사용하였다. 단점은 질소평형점에 근접할수록 식이 단백질의 효율이 감소해 이 방법으로 산출된 단백질량을 섭취하면 질소가 부족하게 된다.(= 음의 질소균형으로 기운다.)

2) 질소균형 실험법은 섭취한 단백질의 질소량과 배설되는 질소가 동일

하게 되는 질소평형점에 필요한 단백질량이고 이를 추정 하는 방법이다. 질소 균형 실험법에서 성인의 단백질 필요량은 에너지가 충족되는 상태에서 인체가 질소평형 (0 balance)을 이룰 수 있는 최소 식이 단백질량으로 정의된다. 단백질 필요량 설정의 최상의 방법으로 인정되어 왔다. 단점으로 첫번째, 각 단백질 수준에서 실험 대상자가 적응한 충분한 시간이 허용되어야 하는데 실험에 반영되지 못했고, 두번째, 질소 필요량이 실제 필요량보다 낮게 산정된다. 실험과정에서 질소 섭취량은 과대 평가하게 되고, 질소 배설량은 과소평가하게 되는 경향을 가지고 있다. 따라서, 실제보다 질소 필요량이 낮게 산정된다. 세번째, 질소 평형점을 찾는 통계적 분석은 여러 수준의 단백질에서 얻어진 질소균형값을 여러 유형의 희귀분석을 하게 되는 데, 직선 유형이 특히 희귀 문석으로 실제 질소필요량을 과소평가하는 결과가 될 수 있다. 다른 유형으로는 이중직선 유형, 완만한 곡선 유형이 있다.

3) 지표 아미노산 산화법은 성인의 경우 섭취한 아미노산은 몸안에서 단백질의 합성에 이용되거나 산화되는데 단백질 섭취량이 부족하면 투여한 방사능 표지 (^{13}C) 의 지표 아미노산이 단백질 합성에 이용되지 못하고 산화되어 호기의 $^{13}CO_2$ 나오게 된다. 단백질 섭취가 증가할수록 지표 아미노산화의 속도는 느려지고 단백질 필요량이 충족되면 낮아진 지표 아미노산의 산화속도가 일정한 수준으로 유지되는데 이 변곡점이 단백질 필요량이 된다. 제한점으로는 사람에게는 이제 시험되기 시작된 방법으로 실험식으로 정제된 아미노산 혼합액을 사용하는 점, 방사능 표시 아미노산, 간접 열량계, 방사능 분석기기 같은 고가의 시료와 장비가 필요한 점 등이 제한점이다.

6. 아미노산의 이화 작용

이화작용은 분자를 더 작은 단위로 분해하여 에너지를 방출하거나 다른 동화 반응의 에너지를 사용하는 일련의 대사경로이다. 아미노산의 이화작용은 조직형성이 필요 없거나 조직을 형성하는 데 사용되지 않는 아미노산들을 열과 에너지를 생성하면서 암모니와 이산화탄소, 물로 분해되는 과정이다.

- 탈아미노 작용 (deamination)은 아미노산에서 α- 아미노기가 제거되어 케토산과 암모니아를 형성하는 이화작용이다.

탈아미노 작용의 장소는 주로 간과 콩팥(신장)에서 아미노산 산화효소의 촉매에 의해서 일어난다.

탈아미노 작용에 의해 생성된 α-케토산 몇 개의 반응을 거칠 수 있다.

첫째로, 시트르산 회로로 들어가 이산화탄소와 물과 에너지를 생성해 분해될 수 있다.

둘째로, 탄수화물이나 지방으로 전환될 수 있다.

셋째로, 아미노기 전이 작용에 의해 다른 아미노산으로 다시 전환될 수 있다.

- 요소 형성은 체내에서 암모니아의 독성으로 인한 피해를 막기 위해 암모니아 처리 대사 과정이다.

체내 단백질은 매일 계속 붕괴되어 아미노산으로 되고, 이것은 다시 탈아미노 작용을 통해 암모니아를 생성하면서 분해된다. 그런데 이 암모니아는 몸에 독성이 강하다. 혈액에 존재하는 암모니아는 세포 내에서 α-케토글루타르산(2-옥소글루타르산)과 반응하여 글루탐산을 형성한다. 이것이 지속되면 결국 세포 내의 α-케토글루타르산이 고갈된다. 이러한 상태가 되면 TCA 회로가 심하게 손상된다. 특히 뇌세포는 호흡 장애에 민감하여 ATP

가 유의하게 감소할 경우 혼수 또는 사망에 이를 수도 있다.

- 요소회로

첫 번째 단계 : 암모니아와 이산화탄소(또는 HCO_3)가 카르바모일 인산을 형성하는 것이다. 이 반응은 Mg^{2+}의 존재 하에 N-아세틸글루탐산과 카르바모일 인산 합성 효소1에 의해 촉매된다. 효소 결핍시 고암모니아혈증(Hyperammonemia) 발생한다. 고암모니아혈증은 혈액에 암모니아 성분이 일반적 암모니아 비율보다 높은 것을 의미한다.

두 번째 단계 : 카르바모일 인산은 오르니틴과 결합하여 시트룰린을 형성한다. 효소 결핍시 고암모니아혈증(Hyperammonemia) 발생한다.

세 번째 단계 : 시트룰린은 아스파르트산과 반응하여 아르기니노석신산을 형성한다. 이 반응은 ATP, Mg^{2+}및 아르기니노석신산 합성 효소의 존재 하에 일어난다.

네 번째 단계 : 아르기노석신산은 아르기닌과 푸마르산으로 분해된다. 푸마르산의 일부는 다시 아스파르트산이 되고, 일부는 시트르산 회로로 들어간다.

다섯 번째 단계 : 아르기닌은 간에서 유래하는 효소인 아르기네이스에 의해 오르니틴과 요소로 분해된다. 오르니틴은 다시 회로로 들어가고, 요소는 혈액으로 분비된다. 간에 형성된 요소는 혈액으로 들어가 신장에서 여과되어 소변을 통해 배설된다. 체내에서 배설되는 총 질소 중 가장 많은 양을 차지한다.

- 질소혈증(Azotemia) : 신부전 상태(콩팥 기능 상실 상태)에서는 요소가 소변으로 배설이 잘 안됨으로 혈액 요소질소 (Blood Urea Nitrogen)가 증가한다.

- BUN (혈액 요소질소, blood urea nitrogen) : 신장기능 상실 진단 시 과도한 증가 , 단백질 섭취 증가 요로가 폐쇄되어 소변으로 배설이 감소할 때도

증가한다.

7. 요소 회로와 관련된 대사 질환

유전적 결함으로 요소 회로의 효소가 결핍되는 대사 질환이 있다.

고암모니아혈증은 카르바모일 인산 합성효소의 결핍으로 인해 생긴다. 이 질환의 특징은 혈액 에 NH_4^+이 증가하는 것이다. 또한 뇌척수액, 혈액 및 소변에 글루타민이 증가한다. 고암모니아혈증의 영향 중 하나는 정신지체이다.

두번째 시트룰린혈증(citrullinemia)은 아르기노석신산 합성 효소의 결핍이나 감소로 인해 생긴다. 이 질환의 특징은 대량의 시트룰린이 소변으로 배설되는 것이다. 게다가 혈액과 뇌척수액에서 대량의 시트룰린이 관찰된다.

마지막으로 아르기노석시네이스 산뇨증은 아르기노석시네이스의 결핍으로 인해 생기며, 혈액에 아르기노석신산이 증가하는 것이 특징이다. 이 질환은 보통 2살까지의 영아에게 치명적이다.

− 탈카르복실 작용

아미노산에서 탈카르복실 작용(decarboxylation, −COOH기의 제거)이 일어나면 일차 아민을 생성한다. 제거된 카르복실기는 이산화탄소로 전환된다. 탈카르복실 작용 반응에 포함된 효소는 조효소로서 피리독살 인산을 필요로 한다. 자연에 나타나는 몇 가지 아민은 아미노산의 탈카르복실 작용에 의해 형성된다.

그 예시로는 히스타딘이 히스타민으로, 리신이 카다베린으로, 오르니틴이 푸트레신으로, 티로신이 티라민으로 탈카르복실 작용이 된다.

몇 가지 탈카르복실 작용은 장에 있는 세균에 의해 일어나는 데 세균은 아미노산을 공격하여 프토아민이라고 하는 독성 아민을 생성한다. 이러한 반응은 보통 식품 단백질이 손상되는 과정에서 볼 수 있다.

몇 가지 생리학적으로 활성적인 화합물은 어떤 아미노산의 탈카르복실 작용을 포함한 대사과정을 통해 형성된다.

예를 들면 히스티딘으로부터 알레르기 반응에 중요한 역할을 하는 히스타민이 형성되고, 트립토판으로부터 세로토닌 신경전달물질, 멜라토닌, 송과체 호르몬 그리고 피부에 착색을 일으키는 멜라닌이 형성되고, 글루탐산으로부터 신경전달물질인 아미노부티르산(GABA)이 형성되고, 타이로신으로부터 신경전달물질인 도파민, 노르에피네프린, 에피네프린이 형성된다. 글리신은 헴(heme), 퓨린(purine) 및 크레아틴 합성에 포함되어 있다. 그리고 아르기닌은 산화 질소와 함께 폴리아민을 생성한다.

추가로 최근에 나온 탈카르복실 작용의 더 응용한 탈카르복실화 짝지음 반응(decarboxylated coupling reaction)이 있다. 짝지음반응은 기본적으로 탄소-탄소 결합(공유)을 만드는 방법이다.

8. 아미노산의 탄소 대사

일단 아미노산에서 질소가 제거되면, 탄소는 에너지원으로 사용될 수 있다. 탄소 골격은 여러 가지 화합물로 전환될 수 있다 아세틸-CoA와 아세토아세틸-CoA로 전환되는 아미노산을 케톤 생성 아미노산이라고 하며, 피루브산이나 TCA 회로의 중간산물로 전환되는 아미노산을 포도당 생성 아미노산(포도당으로 전환될 수 있는 아미노산)이라고 한다

알라닌, 아르기닌, 아스파라긴, 아스파르트산, 시스테인, 글루탐산, 글루타민, 글리신, 히스티딘, 메티오닌. 프롤린, 세린, 트레오닌, 트립토판, 발린은 포도당 생성에 분류할 수 있고, 이소류신, 리신, 페닐알라닌, 티로신

은 포도당 및 케톤생성에 분류할 수 있다. 하지만 류신은 순수한 케토원성이다.

9. 헤모글로빈 대사

– 헤모글로빈 합성

인체는 매일 분해되는 만큼의 새로운 헤모글로빈을 합성한다. 헤모글로빈 구조에서 세 가지 중요 성분은 철(Fe^{2+})과 글로빈(단백질)과 포프피린 고리(porphyrin ring)이다. 헴 합성은 석시닐–CoA와 아미노산인 글리신의 결합으로부터 시작된다.

– 헤모글로빈 분해

성인의 경우 적혈구는 1초에 약 250만 개가 만들어지고 파괴되며, 적혈구 1개에는 약 2억 8천만 분자의 헤모글로빈이 들어있다. 적혈구의 수명은 120일이며, 기간이 지나 노화된 적혈구는 포식 세포에 섭취되어 붕괴되고 유리된다. 이때 유리된 헤모글로빈은 헴(heme)과 단백질인 글로빈(globin)으로 분해된다. 헴에서 철이 유리되어 나오고 고리형의 구조가 펼쳐지면서 녹색 색소인 빌러버딘(biliverdin)이 되며, 빌러버딘은 다시 환원되어 오렌지색–황색 색소인 빌리루빈(bilirubin)이 된다.

빌리루빈은 헴–함유 단백질의 파괴로 1일에 약 250~300mg(또는 약 450 µmol)이 생성되지만, 체내의 빌리루빈은 모두 헤모글로빈으로부터 유래되지는 않는다. 이 중 약 80~85%는 노화 적혈구가 붕괴되면서 유리된 헤모글로빈이 만들어지고 나머지 15~20%의 빌리루빈은 골수에서 적혈구의 전구체나 기타 조직에서 헴단백질(hemoprotein)의 대사 회전(turnover)에 의해 형성되며, 형성된 빌리루빈은 혈액으로 분비되지만 소수성이기 때문에 알부민과 결합한다.

　혈액에서 알부민과 비공유적으로 결합한 빌리루빈은 비결합형 빌리루빈(unconjugated bilirubin) 또는 간접 빌리루빈(indirect bilirubin, 반응 시 촉진제 필요)이라고 하며, 이 빌리루빈은 물에 녹지 않는 비수용성 분자이다. 따라서 혈액으로 나오면 수송을 위해 혈장 알부민과 결합한 후 간으로 운반된다. 간세포에 결합한 빌리루빈-알부민 복합체는 분리되어 빌리루빈만 간세포 속으로 들어가고 알부민은 세포 속으로 들어가지 못한다. 세포 속으로 들어간 빌리루빈은 우리딘 이인산 글루쿠로닐기 전이 효소(uridine diphosphate glucuronyl transferase, UDPG)의 촉매에 의해 글루쿠론산(glucuronic acid)과 결합하여 수용성의 결합형 빌리루빈(conjugated bilirubin)이 된다.

　용혈, 담도 폐쇄, 간 질환에서 빌리루빈의 배설에 이상이 생기면 혈액에 빌리루빈이 증가하여 2.5mg/dL 이상이 되면 각막 및 피부가 진한 황색을 띠는데 이를 황달(jaundice)이라고 한다. 빌리루빈은 생후 2일부터 증가하기 시작하고, 5일부터는 감소하기 시작하여 2주가 경과하면 정상으로 회복된다. 신생아의 혈액 빌리루빈 값이 20 mg/dL 이상이되면 뇌에도 빌리루빈이 침착할 수 있는 위험한 상태이므로 즉각적인 조치를 취해야 한다.

10. 핵단백질 대사

　핵단백질은 핵산과 결합한 단백질로 구성되며, 핵산인 DNA와 RNA는 염색체, 바이러스 및 세포핵의 필수 성분이다. 핵단백질은 단백질과 핵산으로 가수분해되며, 단백질은 인체에서 사용되고 핵산은 RNA 가수분해효소(ribonuclease)나 DNA 가수분해효소(deoxyribonuclease)에 의해 뉴클레오타이드(nucleotide)로 분해된다. 뉴클레오사이드는 뉴클레오사이드 가수분해효소(nucleosidase)에 의해 분해되어 리보스나 디옥시리보스 그리고 퓨린

(purine)이나 피리미딘(pyrimidine)으로 된다. 퓨린 염기는 분해되어 요산(uric acid, pKa = 5.75)으로 되며, 75%는 소변으로 나머지 25%는 대변으로 배설된다. 피리미딘 염기는 분해되어 요소로 된 후 소변으로 배설된다. 리보스와 디옥시리보스는 정상적인 탄수화물 경로를 거치며 인산은 새로운 인산 화합물을 만드는 데 사용되거나 소변으로 배설된다.

혈액의 요산 농도는 통풍(gout)에서 증가한다. 이 질환에서는 관절이나 연골에 요산 결정이 다른 물질과 함께 축적되며, 주로 나타나는 장소는 엄지발가락과 귓불이다. 모든 통풍 환자는 고요산혈증을 보이지만, 모든 고요산혈증이 통풍으로 발전하는 것은 아니다. 통풍 환자의 90%는 배설 이사으로 발생되며, 10%는 과다한 생성으로 발생된다.

통풍은 요산나트륨결정(monosodium urate crystal)이 침착하여 생기는 질환이다. 주로 하지에 침범하여 매우 심한 통증을 일으키며 치료와 관리가 가능한 질환이지만, 치료 약물 종류의 수가 비교적 적은 편이다. 통풍 발생의 가장 큰 원인은 일반적으로 혈청 요산농도의 7mg/dL 이상으로 정의하고 있는 고요산혈증이다. 따라서 지속적인 요산저하치료는 요산나트륨결정의 분해를 유도하여 통풍 발작의 재발을 막아준다. 통풍 발작이 재발한 경우 약제의 선택은 이전 통풍 발작 치료 시 사용했던 항염증제에 대한 환자의 경험과 선호도를 고려해서 결정해야 한다. 환자마다 상태에 따라 치료 기간은 다르며, 염증이 완전히 없어질 때까지 약제를 유지해야 한다.

통풍 발작을 처음 경험한 환자의 경우 바로 요산저하제를 사용하지는 않지만 신기능 저하, 혈중 요산농도 8-9 mg/dL이상, 요산 요로결석이 있다면 시작한다. 요산저하제는 통풍 발작 시 발작을 악화시킬 수 있어서, 통풍 발작이 호전된 후 2주 정도 지나서 시작한다. 요산저하제의 지속적인 치료 효과를 위해서는 혈중 요산 목표에 따른 치료 전략(treat-to-serum urate target approach)이 중요하다. 혈중 요산 목표치인 6 mg/dL 이하로 낮추기 위해 요산저하제를 저용량에서 시작해서 점차 용량을 증가시키고 혈중 요산 농도 추적 검사를 통해 조절한다.

 대부분 환자들은 갑작스러운 통풍 발작이 생겨야 병원에 내원해 응급 치료를 받고 돌아가지만, 통풍은 응급치료로만 해결할 수 있는 질환이 아니라 평생 요산저하제를 사용해야 하는 만성질환이다.

10장

소변과 혈액

소변

1. 노폐물 배설

　소변은 인체의 대사 과정에서 생성된 노폐물을 효과적으로 배출하는 주요 수단이다. 신장을 포함한 비뇨기계는 체내 항상성을 유지하며, 혈액 여과와 재흡수를 통해 불필요한 물질을 소변으로 배출한다. 신장에서의 여과 과정으로 신장은 혈액을 여과하여 체내의 불필요한 물질을 제거하는 기관이다. 소변 생성은 여과 과정에서 시작된다. 이 과정은 사구체에서 일어난다.
　사구체는 모세혈관이 서로 얽혀 있는 작은 네트워크로, 신장의 여과 기능을 담당한다. 혈액이 사구체로 들어가면, 모세혈관의 압력에 의해 혈장 내의 물, 전해질, 영양소, 노폐물 등이 보우만 주머니라는 작은 캡슐로 여과된다. 여기서 여과되는 물질들은 주로 물, 나트륨, 칼륨, 칼슘, 마그네슘 등의 전해질, 요소, 크레아티닌, 요산 등 노폐물이 있다. 포도당과 아미노산은 정상적으로는 재흡수된다. 여과는 대체로 선택적이며, 큰 단백질이나 혈구는 여과되지 않는다.

- 재흡수와 분비

여과된 물질은 신세뇨관을 통과하며 필요에 따라 재흡수된다. 이 과정에서 포도당, 아미노산, 일부 전해질 등 몸에 필요한 성분이 혈액으로 돌아간다.

동시에, 신세뇨관은 혈액에서 제거해야 할 과잉 이온, 약물, 독소 등을 추가로 배출한다. 이를 통해 체내 물질 균형이 조절된다.

- 소변의 배출

재흡수와 분비를 마친 여과물은 소변으로 변환되어 집합관을 통해 방광으로 이동한다. 방광에 저장된 소변은 일정량 이상이 차면 요도를 통해 체외로 배출된다.

이는 체내 독소 제거와 항상성 유지에 기여한다.

2. 소변형성

소변 형성은 신장의 사구체에서 혈액이 여과되며 시작된다. 이 과정에서 물, 전해질, 포도당, 요소 등 작은 분자는 보먼주머니로 이동하지만, 혈구와 단백질은 혈류에 남는다.

- 재흡수

여과된 물질 중 몸에 필요한 성분(포도당, 아미노산, 물 등)은 신세뇨관에서 다시 혈액으로 재흡수된다. 이 과정은 체내 영양소와 수분 손실을 방지한다.
- 분비

혈액에서 제거해야 할 과잉 이온, 독소, 약물 등이 신세뇨관으로 추가 배출된다.

이를 통해 혈액의 pH와 이온 균형이 조절된다.
- 배출

소변은 신장에서 생성된 후, 요관을 통해 방광으로 이동하며 저장된다. 방광은 소변을 일정량 저장할 수 있는 기관으로, 일정량이 차면 배뇨 반사가 일어나면서 요도가 열려 소변이 외부로 배출된다. 소변은 체내 항상성을 유지하는 데 중요한 생리적 과정이다. 이를 통해 불필요한 물질이 체외로 배출되고 건강이 유지된다.

3. 소변의 일반적 성질

1) 양
- 정상 성인은 하루에 600 ~ 2,000mL의 소변을 생성한다.
- 소변의 양은 수분 섭취나 날씨 등의 영향을 받게 된다. 더울 때는 땀으로 수분을 소실하므로 소변의 양이 감소하고, 추울 때는 땀이 적게 나오기에 소변의 양이 증가하게 된다.
- 카페인과 알코올은 소변 생성을 증가시키는 이뇨 효과를 갖고 있다.
- 핍뇨: 일반적으로 성인에서 하루에 약 400mL 이하의 소변이 배설되는데 이보다 소변의 양이 감소하는 상태를 말한다.
- 무뇨: 소변을 거의 배설하지 않는 상태를 말한다. 무뇨는 신장이 광범위하게 손상되었을 때 나타난다.
- 다뇨: 소변의 배설량이 정상보다 훨씬 많이 증가한 상태를 말한다.

- 수분 재흡수

  신장에서의 수분 재흡수는 시상하부에서 생성되고 뇌하수체 후엽에서 분비되는 항이뇨 호르몬에 의해 조절되며, 생성과 분비 장소에 이상이 생기면 항이뇨호르몬(antidiuretic hormone, ADH)이 결핍되게 된다.

  항이뇨호르몬은 신장의 수준 재흡수를 촉진시키고 소변을 농축하여 그 양을 줄이는 역할을 한다. 증가된 항이뇨호르몬은 아쿠아포린의 발현을 증가시키고 ADH 분비 수준이 낮을 때는 아쿠아포린이 다시 소낭에 저장되어 발현되지 않는다. 아쿠아포린 발현이 증가되면 물의 재흡수가 촉진되고 소변의 양이 줄어들어 물을 보존하게 한다.

- 요붕증: 소변의 양이 매우 증가하는 상태를 말한다.

  수분 재흡수 과정에서 이상이 생겨 ADH가 감소하면 신장의 원위요세관 및 집합관에서 수분 재흡수가 감소하여 소변의 양이 증가하게 된다.

- 당뇨병: 소변검사에서 당이 나오는 경우를 당뇨라고 한다. 당은 우리 몸의 주요 에너지원 중의 하나이고, 인슐린 호르몬은 혈액 내의 당을 세포로 이동하여 사용할 수 있게 도와주는 역할을 한다. 혈액 내에 당이 180 mg/dL 이상 높은 경우, 요세관에서 재흡수 할 수 있는 범위를 넘어서기 때문에, 소변으로 당이 배출된다.

  당뇨병에서는 포도당이 배설되기 때문에 제한적인 다뇨를 일으키고 과다한 수분의 상실은 탈수를 초래한다.

2) 비중

소변의 비중은 용질의 농도와 비례한다.

- 소변의 비중 정상 범위는 1.003에서 1.035이다.
- 당뇨병에서는 소변 속에 포도당이 포함되어 있어서 소변의 양이 증가

하는데도 불고하고 비중이 높다. 그러나 요붕증은 비중이 매우 낮다.

3) pH
- 소변의 pH 정상 범위는 보통 4.5에서 8.0이고 정상적으로 약산성이다.
- 소변의 pH는 섭취하는 음식물에 따라 다른데 육류를 섭취할 경우 인산염과 황산염이 형성되기 때문에 소변의 산도가 증가하여 pH가 낮아진다. 채식주의자는 탄산 수소 이온의 증가로 인해 알칼리로 변하게 된다.
- 혈액의 pH가 낮아지면 요세관 세포에서 수소이온을 정상적으로 분비하지 못해 신요세관성 산증이 나타나게 된다.

4) 색깔
- 정상 사람의 소변 색깔은 보통 담황색이나 호박색이다. 소변의 색깔은 섭취한 물질의 종류와 양에 따라 변하게 되는데, 소변의 양이 많아지면 색깔이 옅어지고 소변의 양이 적어지면 색깔이 짙어진다.
- 혈뇨란 소변에 혈액이 포함되어 있는 것이다.
- 헤모글로빈이 포함되어 있는 것을 헤모글로빈뇨, 미오글로빈이 포함되어 있는 것을 미오글로빈뇨라고 한다. 이는 모두 소변 색이 적색으로 나타난다.
- 혈뇨에는 육안적 혈뇨와 현미경적 혈뇨가 있고 소변이 적색이라고 모두 혈뇨는 아니다. 혈뇨, 헤모글로빈뇨, 미오글로빈뇨는 다 다른 것이며 혈뇨는 요로 감염, 사구체 질환, 요로결석이 대표적인 원인이다. 또한 페닐알라닌 및 티로신 대사에 이상 생겨 소변으로 호모겐티스산이 배설되면 소변이 알칼리로 되며 갈색, 흑색을 나타낸다. 소변에 멜라닌이 증가해도 소변의 색깔이 흑색으로 된다.

5) 냄새
- 신선한 소변에서는 특유의 냄새가 난다.
- 당뇨병이 심해지면 케톤증이 나타나는데 이때 호흡 시 아세톤 냄새가 날 수 있다. 소변검사에서 케톤이 나오는 이유는 케톤체는 지방의 대사산물로 간에서 생성되는데 당분을 에너지로 이용하기 힘든 경우에 당 대신 지방을 지방산으로 만들어 에너지로 사용하게 된다. 이때 지방산이 간에서 케톤체로 바뀌어 요중으로 빠져나가 케톤뇨가 나오게 되는 것이다.
- 소변의 냄새는 음식물에 의해서 바뀌기도 한다. 예를 들어 아스파라거스를 먹으면 소변에서 유황 냄새가 나게 된다.
- 소변을 오랫동안 실온에 놓아 둘 경우 요소가 분해되어 암모니아가 증가하기 때문에 심한 암모니아 냄새가 난다.

4. 정상 성분

성인은 하루에 약 50~60g의 고형 물질을 배설한다. 고형 물질에는 유기 성분과 무기 성분이 있다. 소변에 포함되어 있는 총 고형 물질의 약 45%는 무기 성분이고 나머지 55%는 유기 성분이다.

유기 성분
요소 : 요소는 단백질 대사의 최종산물이며 소변에 포함되어 있는 총 고형 성분의 약 50%를 차지한다.

요산 : 핵단백질이 붕괴될 때 생기는 퓨린체 염기인 아데닌과 구아닌의 대사물질로 물에 약간만 용해되고 주로 요산 나트륨 같은 요산염의 형태로

배설된다.

→ 요산의 pKa는 5.75 이며 생리적인 pH에서 혈장 요산의 대부분은 이온화하여 요산염 형성되는데 요산염이 신장에서 결정을 이루면 신장 결석을 형성한다.

* 통풍은 혈액 내에 요산의 농도가 높아지면서 이로 인해 발생한 요산염 결정이 관절의 연골, 힘줄 등 조직에 침착되는 질병이다. 침착된 결정은 관절의 염증을 유발하고 극심한 통증을 동반한다.

혈중 요산 농도는 나이와 성별에 따라 다양하다. 성인의 정상 수치는 남성의 경우 3-6mg/dl, 여성의 경우 2-5mg/dl이다. 어린이들은 신장에서의 요산 배설율이 높아 정상적으로 3-4mg/dl의 요산 농도를 유지하고 있는데, 사춘기 이후에는 여성보다 남성에서 1-2mg/dl 정도 더 높다. 여성의 경우 여성 호르몬의 영향으로 요산 제거 능력이 유지되기 때문에 폐경기 이전에는 고요산혈증이 거의 발생하지 않는다.

크레아티닌

크레아틴과 크레아틴인산의 분해 산물이다. 하루에 소변으로 배설되는 크레아티닌의 양은 단백질 섭취와 상관없이 매우 일정하다. 성인 남성은 하루에 1.4g의 크레아티닌을 배설하고 0.06~0.1g의 크레아틴을 배설한다.

크레아틴

세 가지 아미노산, 즉 아르기닌, 메테오닌, 글리신으로부터 체내에서 생성된다. 크레아틴은 유리 크레아틴이나 크레아틴 인산으로서 근육, 뇌, 혈액에 정상적으로 존재한다.

크레아틴뇨

= 비정상적으로 많은 크레아틴이 소변으로 배설되는 상태를 가리킨다. 이것은 기아, 당뇨병, 만성적인 열병 소모성 질환 및 갑상선 항진증과 같은 병적 상태에서 나타난다. 또한 임신중에도 나타날 수 있다.

기타 유기 성분

소변에서는 또한 소량의 아미노산, 알란토인, 히푸르산, 우로빌린, 우로빌리노겐 및 빌리버딘이 존재한다.

우로빌리노겐의 배설은 용혈성 빈혈과 간 질환에서 증가한다. 빌리버딘의 배설은 어떤 간 및 담도 질환에서 증가한다. 임신시에는 태반의 영양막 세포에서 사람 융모성 성선 자극 호르몬을 분비한다. 이것이 혈액에 증가하면 소변으로 배설된다. 따라서 소변의 hCG를 검사하면 임신 여부를 판단할 수 있다.

이러한 성분과 더불어, 소변에서는 또한 정상적으로 소량의 비타민, 호르몬, 효소 등을 포함하고 있다.

무기 성분

소변에는 무기 화합물을 구성하는 여러 가지 양이온 및 음이온들이 존재한다.

염화 이온

매일 9~16g이 대부분 염화나트륨의 형태로 배설된다. 염화 이온의 배설량은 주로 염화나트륨의 섭취량에 따라 변동된다.

나트륨 이온

배설량은 섭취량과 신체의 필요에 따라 변동하지만, 보통 하루에 약 4g을 배설한다.

인산염

소변 속의 인산염 양은 섭취하는 음식물에 따라 변동한다. 인(핵단백질 및 인지질)을 많이 함유하고 있는 식품을 섭취하면 배설량이 증가한다. 인산염의 배설은 뼈 질환과 부갑상선 항진증에서 증가하며, 부갑상선 저하증, 신장 질환 및 임신 시에 감소한다.

황산염

소변 속의 황산염은 황~함유 단백질의 대사로부터 유도된다. 따라서 황산염의 배설량은 음식물의 영향을 받는다.

암모늄 이온

요소가 가수분해되면 소변에서 암모늄 이온을 형성하고, 이것은 다른 음이온 성분과 결합하여 존재한다. 염화암모늄, 황산암모늄, 인산암모늄 같은 화합물 형태로 존재한다.

기타 이온

소변 속의 양이온은 나트륨 이온과 암모늄 이온 외의 칼슘 이온, 칼륨 이온 및 마그네슘 이온이 있다. 소변 속의 칼슘 이온량은 갑상선 항진증, 부갑상선 항진증 및 골다공증에서 증가하고, 부갑상선 저하증과 비타민 D 결핍에서 감소한다.

5. 비정상 성분

단백질

정상적으로 소변에는 검출된 만큼의 단백질이 없다. 그 이유를 설명하는 메커니즘의 하나는 단백질은 콜로이드(colloid)이고, 콜로이드는 막을 통과할 수 없기 때문이라는 것과 다른 하나는 단백질의 분자량이 50,000 ~ 60,000 이상이면 사구체를 통과할 수 없다는 것이다. 근래에는 후자의 설명을 더 타당한 것으로 받아들이고 있다.

단백질뇨(proteinuria)란 소변에 단백질이 존재하는 것을 가리킨다. 간혹 알부민뇨(albuminuria)라는 말도 사용되고 있는데, 이것은 소변에 알부민이 존재하는 것을 가리킨다. 신장염 및 신증후군과 같은 신장 질환과 심한 심장병에서는 소변에 단백질이 나타난다. 신장 질환으로 인해 생긴 단백질뇨를 신성 단백질뇨(renal proteinuria) 또는 신성 알부민뇨(renal albuminuria)라고 한다. 단백질뇨는 신장 질환 이외의 무해한 상태에서도 나타날 수 있으며, 이를 가성 단백질뇨(false proteinuria)라고 한다. 오랫동안 서있을 때 나타나는 단백질뇨를 기립성 단백질뇨(orthostatic proteinuria)라고 하며, 이는 신정맥의 압력 증가로 인해 생긴다. 이러한 기립성 단백질뇨는 누우면 없어진다. 또한 심한 운동 후에도 소량의 단백질이 소변에 나타날 수 있지만 곧 없어진다.

이외에 단백질뇨는 사구체성 단백뇨, 요세관성 단댁뇨, 과다유출 단백뇨가 있다.

- 사구체성 단백뇨는 사구체에 있는 모세혈관의 투과성이 변해서 단백뇨가 나온다.
- 콩팥 요세관성 단백뇨는 사구체에서 여과된 단백질을 요세관에서 흡수하지 못해서 단백뇨가 나온다.

- 과다유출 단백뇨는 체내에서 너무 많은 단백질(면역글로불린, 미오글로불린, 혈색소 등)이 생성되어 단백뇨가 나온다.

포도당

소변에 포도당이 존재할 때, 이를 당뇨(glycosuria)라고 한다. 소변에는 정상적으로 매우 소량의 포도당이 있지만, 양이 너무 적어서 시험지(urine reagent strip)나 베네딕트 시험(Benedict's test, Clinitest)으로는 검출되지 않는다.

심한 운동 후에는 소변에서 포도당이 검출되기도 하지만, 이러한 상태는 곧 정상으로 회복된다. 포도당은 고탄수화물 식이를 섭취한 후에도 소변으로 나올 수 있다.

당뇨는 당뇨병이나 신성 당뇨(renal diabetes, 신역치의 저하로 인해 소변으로 당이 나옴) 또는 심한 간 손상으로 인해 생긴다.

* 당뇨병은 1형 당뇨병, 2형 당뇨병, 기타 당뇨병, 임신당뇨병으로 나눈다.
- 1형당뇨병은 췌장의 베타세포가 파괴돼 인슐린이 분비되지 않는 병이다. 대부분 자가면역기전에 의해 발생하므로 베타세포를 포함하는 췌도세포에 대한 특이 자가항체 검사가 양성으로 나오거나, 인슐린 분비 정도를 측정하면 진단이 가능하다.
- 2형당뇨병은 몸의 인슐린 저항성이 커지면서 인슐린의 작용이 원활하지 않고 상대적으로 인슐린 분비의 장애가 생겨 혈당이 올라가는 병이다. 한국인 당뇨병의 대부분이 2형당뇨병이다. 보통 40세 이상에서 발생하지만 그보다 젊은 연령에서도 생길 수 있으며, 최근에는 30세 이하의 젊은 2형당뇨병 환자가 늘고 있다.
- 기타 당뇨병(이차 당뇨병)은 특정한 원인(유전자 결함, 유전질환, 약물, 감염, 면역매개 등)에 의해 발생하는 당뇨병이다. 대부분 당뇨병이 발생하기 쉬운 유전적 또는 환경적(비만, 노화 등) 조건이 있다. 따라서 원인이

해결되고 혈당이 개선되어도 차후 고혈당이 발생할 가능성이 높으므로 관리가 필요하다.
- 임신당뇨병은 임신 중에 발견된 당뇨병을 지칭한다. 임신 기간은 물론, 출산 후에도 장기적으로 당뇨병 예방 조치를 취해야 한다.

기타 당

젖당과 갈락토스는 임신과 수유 기간 중에 나타날 수도 있다. 이러한 당들은 요시험지로는 검출할 수 없으나 베네딕트 시험에서는 양성을 나타낸다.

오탄당을 많이 함유하고 있는 자두, 포도, 체리 같은 식품을 섭취했을 때는 소변으로 오탄당이 나올 수도 있다.

케톤체

이미 앞에서 설명했듯이 케톤체란 아세토아세트산, β-하이드록시부티르산 및 아세톤을 말한다. 소변에는 아세토아세트산이 20%, β-하이드록시부티르산이 78% 그리고 아세톤이 2%를 차지하고 있다. 케톤체(아세톤체)는 당뇨병과 기아 상태에서 그리고 탄수화물 섭취가 부적당할 경우에 소변에 나타난다. 케톤체가 소변에 나타나는 상태를 케톤뇨(ketouria)라고 한다. 산성 화합물인 케톤체의 배설에는 알칼리성 화합물을 필요로 한다. 이로 인해 혈액의 알칼리성 물질이 고갈되어 산증을 초래한다. 신장은 케톤체를 중화하기 위해 더 많은 암모니아를 생성한다. 소변 중의 케톤체는 소변에 니트로프루시드 나트륨(sodium nitroprusside)을 첨가하고 수산화암모늄으로 반응액을 알칼리로 하면 케톤체가 존재할 때 핑크색-적색을 띤다. 정상적인 소변은 이 반응을 나타내지 않는다.

혈액

소변에 혈액이 포함되어 있을 때, 이를 혈뇨(hematuria)라고 한다. 혈뇨는 신장이나 요로에 병변이나 결석이 있을 때 나타난다. 소변에 유리 헤모글로빈이 포함되어 있을 때, 이를 헤모글로빈뇨(hemoglobin uria)라고 한다. 이것은 비중이 낮은 저장액(hypotonic solution)을 주사했을 때나 심한 화상 또는 흑수열(blackwater fever, 만성 열대성말라리아의 심한 합병증)에서 생긴다. 소변에 대량의 혈액이 있으면 소변 색깔이 적색을 띤다. 육안으로 확인할 수 없을 정도로 소량의 혈액이 포함되어 있는 것은 요시험지에 의해 검출된다.

빌리루빈

소변의 빌리루빈은 결합형 고빌리루빈혈증(conjugated hyperbilirubinemia)일 때 나타난다. 이러한 상태는 간세포가 빌리루빈을 담즙으로 분비하지 못하는 듀빈-존슨 증후군(Dubin-Johnson syndrome)과 담관이나 총담관이 폐쇄될 때 나타난다. 소변에 존재하는 빌리루빈은 모두 결합형(직접) 빌리루빈이다.

* 빌리루빈은 적혈구가 파괴되면서 발생하는 색소이다. 황색을 띠는 색소인 빌리루빈 농도가 높아지면 눈의 흰부분이 노랗게 변하고 피부가 황색이 되는 황달 증상이 발생한다. 검사는 보통 팔의 혈관에서 채혈한다. 검사 당일 평소처럼 식사해도 돼요. 주사 바늘 삽입 시 통증이 나타난다. 채혈이 끝나면 지혈될 때까지 눌러준 후, 반창고를 붙인다. 검사 전 운동을 심하게 할 경우 수치가 증가할 수 있으므로, 격렬한 운동은 피하는 것이 안전하다. 약물에 의해서도 결과가 변할 수 있으므로 검사 전 의료진에게 복용중인 약을 알려줘야 한다. 검사 결과로 총빌리루빈 농도와 직접빌리루빈 농도를

측정할 수 있다. 간접빌리루빈은 총빌리루빈에서 직접빌리루빈을 뺀 값으로 계산하여 구한다. 정상 범위는 아래 표와 같다.

총빌리루빈	0.2 ~ 1.2 mg/dL
직접빌리루빈	0 ~ 0.4 mg/dL
간접빌리루빈	0 ~ 0.8 mg/dL

우로빌리노겐

소변의 우로빌리노겐은 용혈성황달(hemolytic jaundice)에서 증가한다. 용혈성 황달에서는 많은 양의 비결합형 빌리루빈(또는 간접 빌리루빈)이 간으로 가고, 간에서는 많은 양의 결합형 빌리루빈(또는 직접 빌리루빈)이 만들어져 담즙을 통해 장으로 배설되고, 장에서는 많은 양의 우로빌리노겐이 만들어지고, 따라서 많은 양의 우로빌리노겐이 장에서 흡수되어 혈액으로 들어가기 때문에 소변에 많은 양의 우로빌리노겐이 배설되는 것이다.

* 우로빌리노겐 검사는 소변검사로 시행한다. 보통 하루 중 어느 때 소변이든 상관없지만, 아침 첫 소변이 가장 농축되어 있으므로 가능하면 아침 첫 소변으로 검사한다. 요도 입구의 세균과 염증이 섞이지 않도록 중간 소변을 받는다. 검사 결과의 해석은 다음 표와 같다.

검사결과 해석	
요빌리루빈 [기준치 : 음성(-)]	요우로빌리노겐 [기준치 : 약양성(±)]
검사결과 양성(+) 급성 간염, 전격 간염, 간경변, 약물성 간장애, 알고올성 간장애, 간내 담즙 정체, 폐쇄성	검사결과 양성(+) 혹은 증가(++, +++) 급성간염, 만성간염, 간경변, 알코올성 간장애, 약물성 간장애, 용혈성 빈혈 의심 검사결과 음성(-) 간내 담즙 정체, 폐쇄성 황달 의심

크레아틴

정상적으로 소변에는 소량의 크레아틴이 있다. 이것은 근디스트로피(muscular dystrophy), 근무력증, 근육 소모, 소아마비, 갑상선 항진증 등에서 소변으로 많이 배설된다.

요산

통풍, 레슈-니한 증후군(Lesch-Nyhan syndrome) 및 어떤 글리코젠 저장병에서 소변으로의 요산 배설량이 증가한다. 신부전 같은 신장 기능에 이상이 생기면 배설량이 감소한다.

* 요산은 핵산의 일종인 퓨린이라는 물질이 분해되면서 생기는 최종 대사산물이다. 퓨린은 주로 체내에서 세포의 정상적인 분해를 거쳐 혈액으로 들어가며, 소량은 특정 음식(간, 멸치, 고등어, 마른콩류 등)과 음료(맥주, 와인 같은 알콜 음료)을 섭취함으로써 혈류로 들어가게 된다. 대부분의 요산은 주로 신장에서 배설되어 소변으로 배출되고, 나머지는 대변으로 배출된다.

요산의 생성이 과다하거나 배출이 충분치 못할 경우 체내에 축적되어 혈중농도가 증가하기도 하고, 과포화상태가 되면 요산의 형태가 바늘모양으로 결정을 이루어 조직에 침착되기도 한다. 과다한 요산이 관절에 축적되면 통풍이 발생할 수 있으며, 그밖에 요산이 신장에 침착하게 되면 신장 질환을 야기할 수도 있다.

요산이 증가된 경우 퓨린 함량이 높은 음식 섭취는 피해야 한다.
- 고퓨린식품은 어육류의 간, 신장, 뇌, 육집 등의 내장 등이 있다.
- 중등급 퓨린식품은 어류, 패류, 육류(쇠고기, 돼지고기, 새고기) 등이 있다.
- 경퓨린식품은 어육류(정어리, 멸치, 꽁치, 고등어), 두류, 야채류(아스파라거스, 버섯, 시금치) 등이 있다.
- 저퓨린식품 은 곡류(쌀밥, 빵, 메밀, 옥수수), 감자, 고구마, 우유, 유제품(치즈, 버터), 야채류(당근, 토마토, 오이, 호박, 배추, 가지), 비타민이 풍부한 계절과일, 조미료(식초, 소금, 간장, 설탕), 커피, 코코아 등이 있다

퓨린은 물에 녹는 성질을 가지고 있어 퓨린이 포함된 음식을 찜, 탕 등으로 조리하고 건더기 위주로 먹는 것이 좋다.

6. 이뇨제

이뇨제는 신장에서 소변 배출을 촉진하는 약물로, 체내 수분 및 전해질 균형을 조절하는 데 사용된다. 주로 고혈압, 심부전, 부종, 신장 질환 등의 치료에 사용되며, 약물의 작용 기전과 대상 질환에 따라 여러 종류로 나뉜다.

일반적으로 잘 알려진 이뇨제로는 알코올, 카페인, 만니톨 및 티아지드가 있다.

- 이뇨제의 임상적 사용

심부전 환자에게 과도한 체액 축적으로 인한 부종과 호흡 곤란 완화를 시켜준다

고혈압은 혈액량 감소로 혈압 저하 시켜준다. 신장 질환으로는 신부전이나 신증후군에서 체액 축적 감소시켜준다. 특수 상황에는 고산병, 두개내압 감소, 특정 약물의 배출 촉진시킨다.

- 이뇨제의 부작용

이뇨제는 치료 효과 외에도 부작용을 유발할 수 있다. 루프 및 티아지드 이뇨제는 저칼륨혈증(K^+ 부족)과 같이 전해질 불균형을 유발할 수 있다. 칼륨보존 이뇨제는 고칼륨혈증(K^+ 과잉)이 발생한다. 그리고 체액의 과도한 배출로 인해 심한 탈수가 발생한다. 대사 이상으로는 혈당 상승(특히 티아지드 계열), 고요산혈증이 있다.

마지막으로는 신장 기능 저하로 장기적 사용 시 신장에 부담을 줄 수 있다.

7. 소변 검사

소변검사는 크게 물리적 검사, 화학적 검사 및 현미경적 검사로 나눈다.
화학적 검사에는 화학적 반응을 기반으로 시약과 소변의 상호작용을 통해 색 변화를 관찰하며 결과를 분석한다.

- 단백질검사

원리로는 소변 속 단백질(특히 알부민)은 pH 지시약과 반응하여 색 변화를 일으키며, 시험지 시약은 브롬페놀 블루이다.

대표적인 소변 단백질 검사 반응식으로는

단백질+pH 지시약 → 청색 변화 (산성환경)

단백질 농도가 높을수록 색 변화가 뚜렷하다.

- 혈뇨 검사

원리로는 헤모글로빈이나 적혈구가 과산화효소 반응을 촉진하여 색 변화를 유도한다. 시험지 시약은 과산화효소, 산화제가 있다.

혈뇨 검사 반응식으로는 + Chromogen → 색 변화 (Hemoglobin 첨가)

적혈구의 존재 여부에 따라 색 변화가 달라진다.

혈액

1. 혈액의 기능

혈액은 하나의 순환 조직이다. 신체의 모든 세포로 산소, 무기질, 영양분을 운반한다. 세포에서 생긴 이산화탄소와 노폐물을 운반하고 호르몬, 효소, 혈액세포 운반한다. 신체내부에서 신체표면으로 수송되는 따뜻한 혈액은 체온을 일정하게 유지시켜준다. 외부에서 어느정도의 염과 산을 가해도 수소 이온 농도에 변화가 적은 용액(완충용액)으로서 신체의 pH를 7.35~7.45로 유지시켜준다.

감염으로부터 신체를 방어하는 기능과 출혈을 억제하기 위해 응고하는 역할도 수행한다. 손상된 조직을 복구하기 위한 성장인자와 영양소를 운반해 재생을 지원하고 간과 신장을 통해 독소를 제거하며, 신체의 해독 기능을 돕는다.

1. 가스, 영양분, 노폐물의 수송
2. 대사물질 수송
3. 호르몬 및 효소 같은 조절 물질 수송
4. pH 및 삼투 작용 조절

5. 체온 유지

6. 이물질로부터의 방어

7. 응고 형성

2. 혈액의 구성

혈액은 유형 성분인 세포와 그 세포를 담고 있는 액체인 혈장, 두 부분으로 구성된다. 혈액의 유형성분은 적혈구, 백혈구, 혈소판 3가지이다.

적혈구

적혈구(red blood cell 또는 erythrocyte) 수는 mm^3당 약 4백만~6백만개이다. 적혈구가 많으면 다혈구증 또는 적혈구 증가증이라 칭하고 적으면 빈혈(anemia)라고 한다. 적혈구의 수명은 여성 110일 남성 120일이고 매일 2천억 개의 새로운 적혈구가 골수에서 생성된다. 적혈구 속에는 산소와 이산화탄소를 수송하며 핵이 없는 색소 단백질인 헤모글로빈이 들어있다. 적혈구 1개에는 약 2억 8천만 분자가 들어있다.

신장에서 생성되며 적혈구 형성을 자극하는 호르몬인 적혈구 형성 인자는 신장에 저산소증일 때 증가한다. 신장이 적절하게 기능하지 못하면 피로와 무기력 집중력 저하를 유발하는 빈혈에 걸릴 수 있다. 또한 산소를 공급하기 위해 심장이 과도하게 일을 하여 빈맥, 심부전을 유발할 수 있다.

백혈구

핵을 가진 백혈구는 보통 mm^3당 약 5천개~1만개이다.

백혈구는 호중구, 호염기구, 호산구가 포함되어 있는 과립구와 림프구, 단핵구가 포함되어 있는 비과립구로 나뉜다.

백혈구는 유해한 미생물을 공격하여 파괴함으로써 신체를 감염으로부터 보호해준다. 진단을 위해서는 백혈구를 종류별로 계산하여 %로 나타내는데 이를 감별 계산이라고 한다. 백혈구는 신체의 방어선 역할을 하며 감염, 알레르기, 염증 등의 다양한 생리적 반응에 관여한다. 정기적인 건강관리를 통해 백혈구 수와 기능의 변화를 모니터링하는 것이 중요하다.

혈소판

핵이 없는 혈소판은 보통 mm^3당 약 13만~40만개이다.

혈소판은 혈액응고와 관련된 세팔린(cephalin)을 함유하고 있다.

작은 크기에도 불구하고 생명 유지와 손상 복구에 매우 중요한 역할을 한다. 혈소판 수와 기능의 이상은 과도한 출혈이나 혈전과 같은 심각한 문제를 초래할 수 있으므로, 건강 유지와 질환 관리에서 혈소판의 역할을 이해하는 것이 중요하다.

혈장

92%의 수분, 단백질을 포함한 이온, 영양분, 고형성분이 나머지를 이루고 있는 혈장은 단백질이 가장 중요하다.

혈액이 응고된 뒤 상층에 있는 황색 액체가 혈청은 피브리노겐이 없지만 혈장에는 있다. 혈장은 여러 단백질이 포함되어 농도를 mmol/L로 표현을 못한다.

신체 기능 유지와 항상성 조절에 핵심적인 역할을 하는 혈액의 액체 성분이다. 물질 운반, 면역 방어, 응고 작용 등 다양한 기능을 수행하며, 질환 발생 시 혈장의 조성과 기능 이상이 중요한 진단 및 치료 목표가 됩니다. 건강을 위해 수분 섭취와 적절한 영양 공급으로 혈장의 기능을 지원하는 것이 중요하다.

3. 혈장 대체물

화상이 심하거나 수분 섭취가 너무 적으면 혈장 양이 급격히 감소한다.
이러한 경우에는 등장성 생리식염수(0.9% NaCl)를 주사한다. 하지만 출혈로 대량의 혈액이 소실되었을 때는 혈장 단백질, 염, 세포가 없는 생리식염수를 주사하는 것이 적절하지 못하다. 수혈하기 전에 환자의 혈액형을 검사하여 일치하는 혈액형의 혈액을 선택하여 전혈이나 혈장을 수혈해야 한다.

혈장대체물은 혈액이나 적혈구를 보충하기 위해 수혈을 하는 의미에선 혈액형에 구애를 받지 않아 유용하게 사용한다. 예를 들면 장기 이식 수술을 할 때 혈장 대체물을 사용하면 많은 양의 전혈을 절약할 수 있다. 또 다른 예시로는 젤라틴 용액(Gelatin Solution)은 혈장 대체물로 사용되는 합성 콜로이드 용액이다. 젤라틴 단백질을 가수분해하여 만든 고분자 용액이고, 혈관 내 체액을 보존하며, 삼투압을 유지시켜줘서 저혈량성 쇼크, 수술 후 체액 보충 등 다양한 방면에서 활용된다.

4. 혈액의 일반적 성질

산소를 공급받은 혈액은 선홍색, 탈산소화된 혈액은 자주색을 띤다.
혈액은 pH 7.35~7.45로 약알칼리성이다. 7.35 이하로 떨어지면 산중(acidosis), 7.45보다 높으면 알칼리증(alkalosis)이라고 한다. 6.8 이하이거나 7.8이상이면 사망에 이를 수 있다. 세포의 수, 단백질의 양, 온도, 신체의 수분 함량에 따라 변형할 수 있지만 보통 혈액의 점도는 물의 약 4.5배이다.

5. 혈액검사

채혈은 여러 가지 검사를 할 경우에 진공시험관에 채혈하지만 보통 주사기로 채혈한다. 5ml 생화학 검사를 할 수 있다. 생화학 검사는 혈청이 샘플로 사용하여 혈액이 응고되면 바로 혈청을 분리해야한다. 현재는 자동분석기로 분석하여 동시에 여러 항목을 검사할 수 있다. 동맥 혈액 가스 측정용 검체의 채혈은 의사가 하도록 되어있다. 체혈한 검체는 공기와의 접촉을 피하고 얼음에 채워서 검사실로 수송해야하고 신속히 검사해야하는 등의 세밀한 주의가 필요하다.

6. 혈액량

혈액량은 체중의 8~9%를 차지한다. 성인의 경우 혈액량은 5~7L에 이른다.
이 양은 열병과 임신중에는 증가하고, 설사나 출혈 시에는 감소한다.
혈액은 빠르게 교체되므로, 출혈이나 헌혈 등에 의한 소량의 실혈은 신체에 큰 영향을 주지 않는다.

7. 헤모글로빈

헤모글로빈(Hemoglobin)은 적혈구 내에서 산소를 운반하는 단백질이다. 성인의 헤모글로빈은 주로 A형($\alpha 2\beta 2$)으로 구성되어 있으며, 태아는 태아헤모글로빈(HbF)을 가지고 있다. 태아헤모글로빈은 산소를 더 강하게 결합하는 성질이 있어, 태반을 통해 엄마의 혈액에서 산소를 효율적으로 받아들일 수 있다. 출생 후에는 점차 성인형 헤모글로빈으로 변한다.

남성 정상수치	13.5–17.5g/dL
여성 정상수치	12.5–15.5g/dL

빈혈은 혈액 내 헤모글로빈 농도가 낮아져 산소 운반 능력이 부족한 상태이다. 빈혈은 여러 가지 원인으로 발생할 수 있으며, 주요 원인으로는 철분 결핍, 비타민 B12 부족, 엽산 결핍, 만성 질환 등이 있다. 빈혈은 피로, 창백함, 숨 가쁨 등의 증상을 유발할 수 있다.

헤모글로빈 감소	빈혈, 위장, 출혈, 재생불량성빈혈, 백혈병, 림프종, 신부전, 임신
헤모글로빈 증가	적혈구증가증, 선천성심장병, 신장종양, 탈수, 폐섬유증, 만성폐쇄성폐질환

8. 미오글로빈

미오글로빈은 근육에 있는 단백질로, 산소를 저장하고 근육 활동 시 공급하는 역할을 한다. 급성 심근경색이 발생하면 심장 근육이 손상되어 미오글로빈이 혈액으로 방출될 수 있다. 급성 심근경색(심장마비)은 심장으로 가는 혈류가 차단되어 심장 근육이 손상되는 상태이다. 이때 미오글로빈 수치가 급격히 상승하며, 이를 혈액 검사로 확인할 수 있다. 미오글로빈은 심근경색의 초기 지표로 사용되기도 한다.

미오글로빈의 반응식은 주로 산소와 결합하거나 이를 방출하는 과정으로 나타낼 수 있다. 미오글로빈은 산소를 결합하여 산소를 근육 세포로 운반하는 역할을 한다.

반응식은 다음과 같다.

$Mb + O_2 \leftrightarrow MbO_2$

미오글로빈은 산소가 충분할 때 결합하고, 산소 농도가 낮을 때 이를 방출하는 역할을 한다.

9. 혈장지질

혈장 지질은 혈액 내 지방 성분으로, 주요 구성 요소는 콜레스테롤, 트리글리세리드, 인지질이다. 이들은 세포막 구성, 에너지 저장, 호르몬 합성 등 중요한 기능을 한다. 혈장 지질 수치가 비정상적일 경우 심혈관 질환 등의 위험이 증가할 수 있다.

성인의 혈장 지질 기준범위

항목	기준범위	해석
총 콜레스테롤 (Total Cholesterol)	125 – 200 mg/dL	200 mg/dL 이상은 고콜레스테롤혈증, 심혈관 질환 위험 증가
저밀도 지질단백질 (LDL) 콜레스테롤	〈 100 mg/dL	'나쁜' 콜레스테롤로, 100 mg/dL 이상은 심혈관 질환 위험 증가
고밀도 지질단백질 (HDL) 콜레스테롤	남성: 〉 40 mg/dL 여성: 〉 50 mg/dL	'좋은' 콜레스테롤로, 높을수록 심혈관 질환 위험 감소
트리글리세리드 (Triglycerides)	〈 150 mg/dL	150 mg/dL 이상은 고지혈증 및 심혈관 질환 위험 증가
총 콜레스테롤/HDL 비율	〈 4.5	이 비율이 높을 수록 심혈관 질환 위험 증가

심장 관상동맥 질환(CHD)의 위험 평가 기준(NCEP 지침)(mg/dL)

항목	기준수치	위험수준	설명
총 콜레스테롤 (Total Cholesterol)	< 200mg/dL	이상: ≥ 240 mg/dL	총 콜레스테롤이 200 mg/dL 이하일 때 심혈관 질환 위험이 낮음. 240 mg/dL 이상은 고위험군
저밀도 지질단백질(LDL)	< 100mg/dL	고위험군: ≥ 160 mg/dL	LDL 콜레스테롤이 높을수록 심혈관 질환 위험이 증가. 100 mg/dL 이하로 유지하는 것이 이상적임
고밀도 지질단백질(HDL) 콜레스테롤	남성:>40mg/dL 여성: >50mg/dL	낮은 HDL (위험 증가) 남성 < 40 mg/dL 여성 < 50 mg/dL	HDL 콜레스테롤은 "좋음" 콜레스테롤로, 심장 질환 예방에 중요. 낮을수록 위험 증가
트리글리세리드 (Triglycerides)	<150 mg/dL	고위험군 : ≥ 200 mg/dL	트리글리세리드가 높으면 심혈관 질환 위험 증가. 150 mg/dL 이하가 이상적임
LDL/HDL 비율	3.5 이하	비율이 높을수록 위험 증가	LDL과 HDL의 비율이 높을수록 심혈관 질환의 위험이 증가. 비율이 3.5 이하가 이상적임
복합 위험 증가	고혈압, 당뇨, 흡연 등	다양한 위험 요소가 있는 경우 위험이 급격히 증가	고혈압, 당뇨, 흡연 등의 위험 인자가 있을 경우, 지질 수치와 관계없이 위험도가 급격히 상승

10. 혈장 단백질

혈장 단백질은 약 7%를 차지하며 세 개의 그룹으로 나뉜다.

- 알부민

알부민(Albumin)은 간에서 생성되는 혈장 단백질로, 주로 혈액 내에서 중요한 역할을 한다. 알부민의 가장 주요한 기능은 혈액의 삼투압을 유지하는 것이다. 이는 체내 수분 균형을 조절하는 데 중요한 역할을 하며, 혈액 내 수분이 조직으로 빠져나가는 것을 방지한다. 또한 알부민은 다양한 물질을 수송하는 역할을 한다. 예를 들어, 지방산, 호르몬, 약물 등을 운반하며, 혈액 내에서 이들 물질이 제대로 기능을 할 수 있도록 돕는다. 알부민은 혈액의 pH 조절에도 중요한 기여를 한다.

알부민의 정상 범위는 약 3.5-5.2 g/dL이며, 혈액 검사에서 그 농도를 측정함으로써 영양 상태나 간 기능을 평가할 수 있다. 알부민 농도가 낮으면 간 질환, 신장 질환, 영양 부족 등 여러 건강 문제의 지표가 될 수 있다.

이와 같은 알부민은 혈액의 삼투압 유지, 물질 수송, pH 조절 등 여러 중요한 기능을 수행하는 필수적인 혈장 단백질이다.

*수분 평형에 대한 알부민 및 기타 단백질 영향

수분 평형은 체내 수분이 적절하게 유지되는 상태로, 이는 혈액의 삼투압과 세포 외액과 세포 내액의 균형에 의해 조절된다. 알부민은 혈액 내에서 주요한 역할을 하며, 혈액의 삼투압 유지를 돕고, 혈액 내 수분이 조직으로 빠져나가는 것을 방지한다. 알부민 농도가 낮으면, 혈장 삼투압이 감소하여 수분이 혈관 밖으로 빠져나가 부종이 발생할 수 있다.

그 외에도 글로불린 등 다른 혈장 단백질도 수분 평형에 영향을 미친다.

예를 들어, 감마 글로불린은 면역 기능에 관여하고, 베타 글로불린은 철분 및 지질 수송을 담당하는데, 이들이 정상 범위를 유지할 때 체내 물질의 균형이 적절히 이루어진다.

따라서, 알부민 및 기타 혈장 단백질들이 정상적으로 유지될 때, 체내 수분 평형이 잘 유지되며, 이상이 생기면 부종이나 탈수 같은 문제가 발생할 수 있다.

- 글로불린

글로불린(Globulin)은 혈장에서 발견되는 중요한 단백질 군으로, 주로 면역 기능과 물질 수송에 중요한 역할을 한다. 글로불린은 여러 종류로 나눠지며, 그 각각은 특정한 기능을 수행한다. 알파-1 글로불린**은 염증 반응에 관여하며, 알파-2 글로불린은 효소 억제와 혈관 보호에 중요한 역할을 한다. 베타 글로불린은 주로 철분 수송을 담당하며, 감마 글로불린은 면역글로불린, 즉 항체로서 외부 병원균에 대한 면역 반응을 돕는다. 글로불린의 정상 범위는 약 2.0-3.5 g/dL이며, 그 수치는 면역 시스템의 건강 상태와 염증 반응을 평가하는 데 중요한 지표로 사용된다. 글로불린 수치가 비정상적으로 높거나 낮을 경우, 이는 면역 질환이나 염증, 간 질환 등 여러 가지 건강 문제를 시사할 수 있다.

- 피브리노겐

피브리노겐은 간에서 생성되는 혈액 응고 단백질로, 혈액 내에서 비활성 상태로 존재하다가 출혈이 발생하면 트롬빈에 의해 활성화되어 피브린으로 변환된다. 피브린은 혈액 세포를 포획하여 혈전이 형성되도록 도와 출혈을 멈추는 역할을 한다. 피브리노겐 농도는 염증, 감염, 간질환 등에서 증가하거나, 간질환 및 출혈성 질환에서는 감소할 수 있다. 이는 혈액 응고 상태를 평가하는 중요한 지표로 사용된다. 또한 검사 결과 200~400mg/dl가 정상 범위에 속한다. 검사 결과가 50mg/dl이하면, 출혈의 위험이 있으므로 주의해야 하고 전신에서 혈액응고가 일어나는 파종성혈관내응고증후군(DIC)은 응고인자가 많이 소모되어 피브리노겐 수치가 낮아지고 출혈 경향을 보인다. 간경변증, 간암으로 간의 능력이 떨어지면, 간에서 합성되는 피브리노겐 수치도 낮아진다. 또한 몸에 염증 또는 조직 변화가 생기면, 5~6시간 후에 혈액 내 피브리노겐 수치가 높아진다. 급성심근경색이나 감염 질환이 의심될 때 피브리노겐 검사를 시행하여 수치를 확인해야 한다.

피브리노겐 수치 감소	간기능 장애(간암, 간경병증), 파종성혈관내응고증후군(DIC), 저피브라노겐혈증, 장티푸스, 백혈병, 악성빈혈
피브리노겐 수치 증가	임신, 감염질환, 급성심근경색, 뇌경색, 신증후군

기타 중요한 혈장 단백질

혈장 단백질	주요기능
알부민 (Albumin)	체액의 삼투압 유지, 수송 역할
면역글로불린 (Immunoglobulins)	면역반응, 항체역할
피브리노겐 (Fibrinogen)	혈액 응고, 상처 치유
트랜스페린 (Transferrin)	철분 수송
알파-1-글로불린 (Alpha-1-globulin)	효소 억제, 염증 반응
알파-2-글로불린 (Alpha-2-globulin)	효소 억제, 혈관 보호
베타-글로불린 (Beta-globulin)	철분 수송, 면역 반응
세룰로플라스민 (Ceruloplasmin)	구리 수송, 산화적 스트레스 완화

11. 혈액응고

혈액 응고는 출혈을 막기 위한 생리적 과정으로, 상처가 나면 혈관이 수축하고, 혈소판이 모여서 혈전이 형성된다. 이 과정에서 피브리노겐이 트롬빈에 의해 피브린으로 변환되어 끈적한 섬유망을 만들고, 혈액 세포들이 그 안에 포획되어 혈전이 완성된다. 이를 통해 출혈을 멈추고, 상처 부위의 회복을 돕는다. 혈액 응고는 여러 응고 인자들이 순차적으로 작용하는 복잡한 과정을 거쳐 이루어진다.

혈액이 응고되려면 혈관, 혈소판, 혈액응고계의 조화로운 균형이 중요하다. 선천적으로나 후천적으로 이들 중 한 가지, 혹은 복합적인 이상이 발생하면 출혈이 일어나거나 지혈이 잘 되지 않는다.

혈액응고인자는 혈장 속에 함유되어 있다. 제1혈액응고인자부터 제13혈액응고인자까지 많은 종류의 인자들이 순차적으로 작용하여 혈액을 응고한다.

- 지혈

지혈은 출혈을 멈추기 위한 과정으로, 크게 세 단계로 나눌 수 있다. 첫째, 혈관이 수축하여 출혈을 줄이고, 둘째, 혈소판이 상처 부위에 모여 플러그를 형성하여 출혈을 막는다. 셋째, 피브리노겐이 피브린으로 변환되어 혈액 세포를 포획하고, 혈전을 형성하여 출혈을 완전히 멈추게 한다. 이 과정은 응고 인자들이 협력하여 빠르게 이루어진다. 혈액 응고에는 칼슘 이온과 비타민 K가 필요하다. 수혈에 사용될 혈액의 응고를 방지하는 데는 시트르산나트륨(sodium cirate)이 시트르산칼슘을 형성함으로써 칼슘 이온을 제거하는 중요한 역할을 한다. 수혈에 사용되는 혈액의 응고를 방지하기 위해 시트르산나트륨(sodium citrate)이 첨가되어 시트르산칼슘을 형성함으로써 칼슘 이온을 제거한다. 비타민 K가 결핍되면 프로트롬빈(prothrombin) 형성이 감소해 혈액이 응고되지 않으며, 혈우병과 같은 유전자 이상은 특정 응고 인자의 부족을 초래하여 갑작스러운 출혈이나 경미한 손상으로도 심각한 출혈을 유발하게 된다.

1. 비스히드록시쿠마린(bishydroxycoumarin, 디쿠마롤 Dicumarol)과 같은 항응고제(anti-cogulant)는 프로트롬빈을 트롬빈으로 전환되지 못하게 하여 빠르게 혈액 응고를 방지한다. 또한 수술 후 혈병이 생기는 것을 방지하기 위해 사용되기도 한다.
2. 혈전(thrombus)이란 혈관 내부에서 형성된 응고물로 제자리에 있을 경우에는 서서히 흡수되며 큰 위험은 없지만, 그 반대일 경우 심장이나 뇌 혈관을 막아 심근경색이나 뇌경색을 유발하여 마비 또는 사망으로 이어질 수 있다.
3. 섬유소 용해(fibrinolysis)는 혈병 속에 있는 피브린이 혈병 형성 후 며칠 안에 분해되는 과정으로 플라스민 효소의 작용으로 인한 과정이라고 할 수 있으며 아래의 반응식으로 나타낼 수 있다.

1. 플라스미노겐 → 플라스민으로의 전환

    Plasminogen → Plasmin (tPA, Urokinase에 의해 활성화)
2. 섬유소(Fibrin)의 분해

    Fibrin → Fibrin Degradation Products (FDPs) (Plasmin에 의해 분해)
3. 플라스민 억제

    Plasmin + α2-antiplasmin → Inactive Complex

12. 호흡

조직이 정상적인 대사 과정을 수행하려면 산소가 있어야 하며 이산화탄소를 제거해야 한다. 산소는 폐에서 조직으로 공급되고 헤모글로빈을 통해 운반된다. 헤모글로빈은 조직에서 산소를 주고 이산화탄소를 받아 폐로 수송하며 호흡을 통해 공기 중으로 배출된다.

폐에서 산소나 이산화탄소의 이동은 각 기체의 분압 차이에 의존한다. 폐에서 이루어지는 가스 교환을 외호흡(폐호흡)이라 하고, 세포-혈액 가스 교환을 내호흡(세포호흡)이라고 한다.

O_2와 CO_2의 운반 단계

1. 산소가 폐포에서 혈액으로 들어가면 대부분이 적혈구에 있는 헤모글로빈(이 형태의 헤모글로빈을 탈산소 헤모글로빈 deoxyhemoglobin, HHb)과 결합하여 산소헤모글로빈(oxyhemoglobin, HbO_2^-)을 형성한다.

형성 과정의 반응식은 다음과 같다.

$HHb + O_2 \rightarrow HbO_2^- + H^+$

2. 대사 과정으로 인해 생긴 이산화탄소는 적혈구에 들어가 탄산 탈수 효소(carbonic anhydrase)의 작용으로 물 분자와 결합하여 탄산을 형성한다.

결합 과정의 반응식은 다음과 같다.

$CO_2 + H_2O \xrightarrow{\text{탄산 탈수 효소}} H_2CO_3$

3. 형성된 탄산은 수소와 탄산수소 이온으로 이온화한다.

결합 과정의 반응식은 다음과 같다.

$H_2CO_3 \rightarrow H^+ + HCO_3^-$

4. 조직에서 산소 헤모글로빈은 수소 이온과 반응하여 탈산소 헤모글로빈과 산소를 생성한다.

   결합 과정의 반응식은 다음과 같다.

   $HbO_2^- + H^+ \rightarrow HHb + O_2$

5. 염화물 이동(chloride shift)이란 탄산수소 이온이 혈장에 너무 많아져 적혈구가 음이온을 많이 상실하여 이를 보상하기 위해 염화물 이온이 적혈구 안으로 들어가는 과정이다. 이때 탄산수소 이온은 혈장에서 완충제로서 작용한다.

6. 폐에서 탄산수소 이온은 1단계에서 생성되었던 수소 이온과 반응하여 탄산을 형성한다.

   형성 과정의 반응식은 다음과 같다.

   $HCO_3^- + H^+ \rightarrow H_2CO_3$

7. 형성된 탄산은 탄산 탈수 효과의 촉매 하에 빠르게 물과 이산화탄소로 분해된다.

   분해 과정의 반응식은 다음과 같다.

   $H_2CO_3 \xrightarrow{\text{탄산 탈수 효소}} CO_2 + H_2O$

8. 탄산수소 이온이 6, 7단계에서 사용되면 혈장의 탄산수소 이온이 적혈구 안으로 들어가 역염화물 이동이 일어난다.

9. 동시에 4단계에서 형성된 카바미노헤모글로빈은 폐에서 탈산소 헤모글로빈과 이산화탄소로 분해된다.

분해 과정의 반응식은 다음과 같다.

$HHbCO_2 \rightarrow HHb + CO_2$

13. 산염기 평형

혈액에는 pH의 변동을 막아주는 완충계가 존재한다.

주요 완충계로는 (1) H_2CO_3/HCO_3^-, (2) 헤모글로빈 완충계 (3) $H_2PO_4^-/HPO_4^{2-}$가 있다. 화학 반응에서 산은 수소 이온을 제공하고, 염기는 이를 수용하는 물질로 정의한다. 신체 기능을 위해 산-염기 균형이 중요하며, 이를 평가하는 척도로 pH를 사용한다. pH는 수소 이온 농도에 로그 값으로 역비례한다.

1) 탄산/탄산수소 이온(중탄산염) 완충계

탄산/탄산수소 이온(중탄산염) 완충계는 탄산이 탄산수소 이온으로 해리하는 반응과 그 역반응에 의해 수소 이온 농도 변화를 완충하는 시스템으로 빠르고 미세한 pH 조절에 가장 중요하다.

- 탄산수소이온(HCO_3^-), 탄산(H_2CO_3), 이산화탄소(CO_2)는 세포와 혈장에 모두 존재하며 서로의 상대적 농도에 따라 중요성과 효율성이 달려있다. 이산화탄소는 물과 결합하여 탄산을 형성할 수 있고, 탄산은 수소 이온과 탄산수소 이온으로 해리될 수 있으며 양 반응은 가역적으로 일어난다.

탄산/탄산수소 이온의 반응식은 다음과 같이 표현할 수 있다.

$H^+ + HCO_3^- \rightleftarrows H_2CO_3 \rightleftarrows H_2O + CO_2$

- 헨더슨-하셀바흐(Henderson-Hasselbalch)식을 이용해서 탄산/탄산수소 이온 완충계가 어떻게 산-염기 균형을 조절하는 지 알아볼 수 있다.

헨더슨-하셀바흐 방정식은 다음과 같이 표현할 수 있다.

$pH = pKa + \log \frac{[A^-]}{[HA]}$ 이 식에 A^- 대신 HCO_3^-를, HA 대신 H_2CO_3를 대입하면

$pH = pKa + \log \frac{[HCO_3^-]}{[H_2CO_3]}$ 이렇게 나타낼 수 있다.

① 탄산수소 이온(HCO_3^-)과 탄산(H_2CO_3)의 농도 비율은 20:1이며(HCO_3^- 22 ~ 26 mmol/L, H_2CO_3 1.05 ~1.35 mmol/L), 이 비율은 혈액의 pH를 조절하는 중요한 역할을 한다.

정상적인 혈액 pH는 약 7.4로 이 비율이 증가하면 pH가 상승해 알칼리증(alkalosis)이 발생하게 되고, 비율이 감소하면 pH가 낮아져 산증(acidosis)이 발생하게 된다.

② 탄산을 형성하기 위해 이산화탄소가 물과 결합해 탄산을 형성하는 과정을 수화(hydration)라고 하며 탄산이 물을 잃고 이산화탄소와 결합하지 않는 과정을 탈수(dehydration)라고 한다. 이 두 과정은 탄산 탈수 효소(carbonic anhydrase)라고 하는 세포 효소에 의해 촉진되며, 적혈구와 조직에서 빠르게 일어난다.

③ 헨리의 기체 법칙(Henry's gas law)에 따라, CO_2 농도는 그 분압과 비례하며, 혈액 내 CO_2 농도는 pCO_2와 용해 계수(solubility coefficient, α)(0.0301)로 계산할 수 있으며 둘의 관계를 다음과 같이 나타낼 수 있다.

[용존 CO_2] = $αpCO_2$

이는 혈액에서 이산화탄소의 수화와 탈수 반응을 조절하는 데 중요한 역할을 한다.

평형 상태에서는 H_2CO_3의 탈수가 일어나므로 용존 CO_2의 농도는 H_2CO_3보다 약 1,000배가 더 크다.

혈액의 pH가 비정상으로 변하게 되면 다양한 원인에 의해 산증(acidosis)

이나 알칼리증(alkalosis)이 발생한다. 보상(compensation)은 혈액의 pH가 비정상으로 될 때 인체가 pH를 7.4로 회복시키기 위해 작용하는 것이다.

1. 대사성 산증 (Metabolic Acidosis)의 원인은 H^+의 배설 장애나 HCO_3^-의 상실로 인해 $[HCO_3^-]$이 감소하면서 pH가 낮아지기 때문이다. 보상으로는 신체가 빠르게 호흡을 통해 CO_2 배출을 증가시켜 pCO_2를 낮추고, $[HCO_3^-]/[H_2CO_3]$ 비율을 20:1로 맞추고 pH는 7.4로 회복시키는 것이다.

2. 대사성 알칼리증 (Metabolic Alkalosis)의 원인은 H^+의 상실이나 알칼리의 과다 섭취로 인해 $[HCO_3^-]$이 증가하면서 pH가 상승하기 때문이다. 보상으로는 신체가 호흡을 감소시켜 pCO_2를 증가시켜 $[HCO_3^-]/[H_2CO_3]$ 비율을 20:1로 맞추고 pH는 7.4로 회복시키는 것이다.

3. 호흡성 산증 (Respiratory Acidosis)의 원인은 CO_2 배출이 억제되는 질식, 폐렴, 천식 등으로 인해 pCO_2가 증가하면서 $[H^+]$ 농도가 증가하고, pH가 낮아지기 때문이다. 보상으로는 신장이 H^+를 배설하여 $[HCO_3^-]$ 농도를 증가시키는 것이다. 이때 보상은 느리게 일어나며, 결국 $pCO_2/[H_2CO_3]$ 비율이 20:1로 맞춰지고 pH는 7.4로 회복된다.

4. 호흡성 알칼리증 (Respiratory Alkalosis)의 원인은 과호흡(기계적 과다환기나 히스테리 등)으로 CO_2 배출이 과도하게 일어나면서 pCO_2가 감소하고, pH가 상승하기 때문이다. 보상으로는 신장은 H^+의 배설을 감소시키고, HCO_3^-의 재흡수를 감소시켜 $pCO_2/[H_2CO_3]$ 비율을 20:1로 맞추고 pH는 7.4로 회복시키는 것이다.

보상은 pH 변화를 정상 범위인 7.4로 회복시키기 위한 신체의 반응이다. 만약 pH를 회복할 수 없으면 보상 불능 상태가 되어 생리적 기능에 문제가 생길 수 있다.

혈액의 pH는 7.35~7.45 사이로 유지되며, 이는 중탄산염(HCO_3^-), 헤모글로빈, 단백질 등 다양한 완충계가 조화를 이루며 유지된다. 특히 헤모글로빈은 이산화탄소를 운반하는 동시에 수소이온(H^+)을 중화하여 pH 균형을 조절하는 역할을 한다.

헤모글로빈 완충계는 혈액 내에서 가장 중요한 세포외 완충계인 중탄산염과 상호작용하며 작동한다.

2) 헤모글로빈 완충계

헤모글로빈은 산소와 이산화탄소를 운반할 뿐만 아니라 완충능력도 갖고 있다.

pH와 CO_2 및 헤모글로빈의 산소화 사이에는 복잡한 상호작용이 있다.

이산화탄소가 세포 속으로 확산되면 헤모글로빈에 있는 아미노기 및 히스티딘

이미다졸기와 결합하여 카르바미노 화합물을 형성한다.

$$R-NH_2 + CO_2 \rightarrow R-NHCOO^- + H^+$$

카르바미노 화합물의 형성은 헤모글로빈의 산소화 상태에 의해 영향을 받는다.

즉 카르바미노 화합물은 산소 헤모글로빈보다 탈산소 헤모글로빈에 의해 더 잘 형성된다. 산소가 헤모글로빈에서 방출되면 카르바미노 헤모글로빈이 형성되고, 이것은 이산화탄소를 수송하는 효과적인 수단이 된다.

탈산소 헤모글로빈은 산소 헤모글로빈보다 더 약산이다. 따라서 pH를 높이기 위해 수소 이온을 중화한다. 산소에 대한 헤모글로빈의 친화성이 감소하면 수소 이온을 중화하기 위해 더욱 탈산소 헤모글로빈이 된다.

3) 인산 완충계

인산염은 많은 양이 소변을 통해 배설되는데, 그 과정에서 신장의 요세관 세포로부터 나오는 수소 이온과 나트륨 이온을 포함한 양이온을 결합하여 배설된다.

따라서 인산 완충계는 양이온의 양을 조절한다는 점에서 그 중요성이 있다. 인산은 3개의 해리성 수소이온을 갖고 있다.

$$H_3PO_4 \rightleftarrows H^+ + H_2PO_4^- \quad (pK_a\ 2.15)$$
$$H_2PO_4^- \rightleftarrows H^+ + HPO_4^{2-} \quad (pK_a\ 7.20,\ 혈장에서는\ 6.8)$$
$$HPO_4^{2-} \rightleftarrows H^+ + PO_4^{3-} \quad (pK_a\ 12.4)$$

생리적 pH 7.4에서 HPO_4^{2-}과 $H_2PO_4^-$ 의 비율은 4:1이다.
인산 완충계를 헨더슨-하셀바흐 식에 적용하면 다음과 같다.

$$H_2PO_4^- \rightleftarrows H^+ + HPO_4^{2-}$$
$$pH = pK + \log [HPO_4^{2-}] / [H_2PO_4^-]$$

14. 전해질 평형

정상적으로 사람에서 수분 섭취는 수분 배설에 의해 균형이 맞춰진다.
만일 수분의 섭취량이 배설량보다 많으면 부종이 일어나고 반대로 수분의 배설량이 섭취량보다 많으면 탈수가 일어난다.

1) 수분 평형
인체는 세 가지 방법으로 수분을 보충한다.

1. 액체 섭취
2. 고기, 채소, 과일 등의 섭취
3. 인체에서 정상적으로 일어나는 대사과정

2) 신체의 수분 분포

신체의 수분(약 42L)은 크게 두 구역, 즉 세포 내액과 세포 외액으로 나눈다.

세포 외액은 다시 네 개의 구역으로 구분 할 수 있다.

1. 혈관내액(혈장): 심장과 혈관 안에 있는 액체(7.5%)
2. 간질액 및 림프액: 세포 바깥의 액체(20%)
3. 치밀 결합 조직, 연골 및 뼈(15%)
4. 세포 유출액: 타액, 갑상선액, 생식선액, 위장관액, 신장, 담즙, 췌장액, 뇌척수액 및 누액(2.5%)

3) 전해질 평형

세포 외액에 가장 많은 양이온은 Na^+이고, 반대로 세포 내액에 가장 많은 양이온은 K^+이다.

체내 나트륨은 세포외액에서 주요 삼투압 조절자로 작용하며, 체액 평형에 중요한 역할을 합니다. 수분과 나트륨 균형은 갈증 반응, 항이뇨호르몬(ADH)의 분비, 그리고 신장의 나트륨 배출 조절에 의해 유지된다.

2가 양이온인 Ca^{2+}과 Mg^{2+}은 세포 내액과 세포 외액에서로 역으로 분포하고 있으며 Ca^{2+}dms 세포 외액에, Mg^{2+}은 세포 내액에 많다. 음이온의 구성을 보면 Cl^-, HCO_3^-, HPO_4^{2-} 외에도 유기산이 존재하며, 또한 단백질도 체액에서는 음이온으로 하전하고 있다.

15. 주요 무기질의 임상적 의의

무기질은 크게 대량 무기질과 미량 무기질로 나뉜다.

1) 대량 무기질 (마크로 미네랄)

• 나트륨 이온

나트륨 이온은 세포 외액의 주요 양이온이며, 주요 기능은 다음과 같다.
1. 세포외액의 삼투압을 유지시킨다.
2. 조직 공간에 수분 저류를 조절한다.
3. 혈압을 유지시킨다.
4. 탄산수소 이온 완충계에 의한 신체의 산-염기 평형을 유지시킨다.
5. 신경과 근육의 흥분을 조절한다.

• 칼륨 이온

칼륨 이온은 세포 내액의 주요 양이온이다.
신체에서 칼륨의 주요 기능은 다음과 같다.
1. 세포의 삼투압을 유지시킨다.
2. 세포의 전하를 유지시킨다.
3. 세포의 크기를 유지시킨다.
4. 심장의 적당한 수축을 유지시킨다.
5. 신경 흥분을 적당히 전달한다.

• 칼슘이온

신체 칼슘의 대부분은 탄산칼슘이나 인산칼슘의 형태인 수산화인회석으로서 뼈와 치아에 존재한다. 혈액 칼슘농도가 저하하면 뼈에서 바로 공급받는다.

이와 반대로 혈액 칼슘 이온 농도가 증가하면 뼈에서 공급되는 영이 줄어든다.

이러한 조절은 부갑상선 호르몬 (PTH), 칼시토닌 및 1,25-디하이드록시 비타민D_3 [1,25-$(OH)_2VitD_3$]에 의해 조절된다.

뼈흡수는 혈액의 칼슘농도가 낮아지면 부갑상선에서 PTH가 분비되고, 이것은 파골 세포를 활성화시켜 뼈에서 혈액을 칼슘을 유리시키는 걸 말한다.

1,25-$(OH)_2VitD_3$는 비타민 D로부터 형성되는 호르몬으로 1,25-콜레칼시페롤이라고도 하며 장에서 칼슘 흡수를 촉진시킨다.

• 마그네슘 이온

마그네슘 이온은 칼륨 이온과 마찬가지로 주로 세포 내액에 있다. 마그네슘 이온은 신경근육계가 적당히 기능하는 데 필요하다. 마그네슘은 체내에서 효소의 활성제로서 작용한다. 마그네슘의 하루 섭취량은 15~30 mEg/L이다. 이것은 혈청보다 뇌척수액에 고농도로 존재하는 유일한 전해질이다.

혈청중 마그네슘 농도

나이	혈청 중 마그네슘 농도	
	Meq/리터	Mmol/리터
신생아	1.0~1.8	0.5~0.9
5개월~6세	1.32~1.88	0.71~0.95
6~12세	1.38~1.74	0.69~0.87
12~20세	1.35~1.77	0.67~0.89
성인	1.3~2.1	0.65~1.05

- **저마그네슘혈증 발생 요인**

만성 알코올 중독

당뇨병성 산증

마그네슘이 결핍된 장기적인 수액 주사

부갑상선 저하증

급성 췌장염

심한 흡수 장애

- **마그네슘 결핍 증상**

근육 떨림

경련(테타니)

섬망

망상

지남력 장애

과다과민성

혈압 상승

염화 이온

염화 이온은 세포 외액의 주된 음이온으로, 염화 이온의 체내 섭취는 나트륨 이온과 밀접한 관련이 있다. (HCl(aq) + NaOH(aq) → NaCl(aq) + H2O(l)) 염화 이온의 주요 기능은 위액의 염산 성분으로서 작용하는 것이다. 혈액에서 산소와 이산화탄소를 수송하는 데 중요한 역할을 한다.

- **인산 이온**

인산 이온은 세포내액의 주된 음이온이다. 체내 인산염의 대부분은 인산칼슘으로 뼈에 존재한다. 인산칼슘은 뼈를 단단하게 만든다. 인산 이온은 완충계를 구성하며 신체의 산-염기 평형을 유지하는 데에도 중요한 역할을 한다. 인산염은 또한 신체의 주된 에너지 화합물인 ATP를 합성하는 데 있어서도 중요하다.

2) 미량 무기질(마이크로 미네랄)
• 철 이온

철 이온은 세포 호흡에서 절대적인 물질이다. 철은 헤모글로빈, 미오글로빈, 시트크롬, 카탈레이스와 같이 헴(hem)을 함유하고 있는 분자에 필수적인 구성 성분이다.

식품에 있는 철의 대부분은 Fe^{3+}이다. 소화기계에서 Fe^{3+}은 Fe^{2+}로 환원된 후 십이지장과 공장 상부에서 흡수된다. 혈액에서 Fe^{2+}은 Fe^{3+}로 산화되고, 베타-글로불린인 트랜스페린과 결합하여 운반된다. Fe^{2+}의 Fe^{3+}로의 전환은 구리를 함유하고 있는 효소인 세룰로플라스민에 의해 촉매된다.

성인의 체내에는 약 3~5g의 철이 함유되어 있고 음식물을 통해 하루 평균 10~20mg 섭취한다. 이 중 체내로 흡수되는 양은 약 10%인 1~2mg이고 그만큼 매일 소실되기도 한다.

• 구리 이온

신체의 구리 함량은 1,200μmol(80mg)이며, 간에 10%, 근육, 신장, 심장, 뇌에 70%, 그리고 나머지는 혈장에 존재한다. 구리는 하루에 음식물을 통해 약 25μmol(1.5mg)이 섭취되며, 이것의 약 50%가 흡수된다. 매일 24μmol이 담즙을 통해 대변으로 배설되고 1.0μmol 미만이 소변으로 배설된다.

신체에서 구리 이온은 시토크롬 산화 효소와 요산 산화 효소같은 산화 효소의 한 성분으로서 작용한다. 또한 구리 이온은 과산소 이온을 제거하는 과산소 디스뮤테이스의 보조 인자로서 작용한다. $2O_2^- + 2H^+ \rightarrow H_2O_2 + O_2$ 반응을 촉매한다.

구리는 뇌에서 세리브로큐프레인, 혈구에서 에리트로큐프레인, 그리고 혈장에서 알파-글로불린인 세룰로플라스민의 형태로 존재한다. 혈액에 세룰로플라스민이 감소하는 대표적인 선천성 질환으로 윌슨병이 있다.

• 아연 이온

아연은 200가지 이상의 금속 단백질의 필수 성분이 된다. 아연을 함유하고 있는 이러한 단백질은 탄산 탈수 효소, 알코올 탈수소 효소, 알칼리성 포스파테이스, 스테로이드 호르몬 수용체 등이다. 신체에는 30mmol의 아연을 함유하고 있으며, 근육에 60%, 뼈에 30%, 기타 조직에 10%가 존재한다. 하루에 섭취하는 아연의 양은 약 150μmol이며, 이 중 30%가 장에서 흡수되고 하루에 140μmol이 담즙을 통해 대변으로, 10μmol 미만이 소변으로 배설된다.

정상적인 혈장의 아연 농도는 11~23μmol/L이다. 혈장에서 아연의 90%는 알부민과 결합하고, 10%는 알파$_2$-마크로글로불린과 결합해 있다. 신체에서 아연은 주로 근육과 뼈에 있다.

• 기타 이온

코발트: 적혈구 형성에 필요한 비타민 B12의 구성 성분이다

망가니즈: 정상적인 뼈 구조, 생식 및 중추신경계의 정상적인 기능에 필요하다.

크로뮴: 포도당 대사와 인슐린의 적당한 작용에 필요하다.

아이오딘: 갑상선 호르몬을 생성하는 데 필요하다.

몰리브데넘: 핵산 대사와 관련이 있다.

리튬: 항우울제로서 조울증 환자나 정신병자에게 사용하고 있다.

11장
비타민

비타민은 에너지를 내지는 않지만 신체기능 조절에 있어서 필수적인 영양소이다. 하루에 필요한 비타민의 양은 극히 적기 때문에 균형 잡힌 정상적인 식사를 하는 사람이라면 별도로 비타민을 섭취할 필요는 없다. 따라서 비타민제에 의존하기보다는 균형 잡힌 식사를 통해 충분한 비타민을 섭취할 수 있도록 하는 것이 바람직하다.

채식을 많이 하는 사람, 수유하는 산모, 습관적인 음주를 하는 사람, 흡연자, 아스피린을 장기간 복용하는 사람, 다이어트 중인 사람의 경우에는 비타민을 충분히 보충해주어야 한다.

비타민은 크게 두 개의 그룹, 즉 지용성 비타민(fat-soluble vitamin)과 수용성 비타민(water-soluble vitamin)으로 나뉜다. 지용성 비타민에 속하는 것은 비타민 A, D, E, K이며, 자연식품에서 지질과 관련되어 있다. 그들은 혈액에서 지질단백질에 의해 수송된다. 지용성 비타민은 소변으로 배설되지 않고 대변으로 배설된다. 그리고 지방에 녹는 성질을 가져 섭취된 비타민이 흡수되면 간과 지방 조직에 저장되기 때문에 매일 섭취할 필요는 없으며 과다할 경우, 과잉중독 증세를 보이기도 한다.

수용성 비타민은 비타민 C와 B-복합체 비타민이다. 비타민은 비타민 B1과 같이 문자로 표기하지만, 화학명이 더 널리 사용되고 있다. 예를 들면, 비타민 B1의 화학명은 티아민(tiamine)이다. 수용성 비타민은 물에 잘 녹기 때문에 어느 양 이상으로 섭취하면 체내에 저장되지 못하고 소변으로 배설된다. 이런 이유는 수용성 비타민은 매일 식사를 통해 섭취하는 것이 좋다.

일반적으로 결핍이 생기기 쉬워 음식이나 비타민제를 통해 섭취해야 하는 비타민으로는 비타민 A, B1, B2, B3(니코틴산), C, D가 있다.

1. 지용성 비타민

1) 비타민 A

비타민 A는 우리 몸의 간과 지방 조직에 저장되는 지용성 비타민으로 필수 미량영양소이다. 시력, 생식, 성장과 발생, 세포 분화 등의 다양한 체내 정상기능 유지에 필요하다. 비타민 A는 감염, 면역저하, 암 등에서 치료적 효과를 가진다. 건강한 시력을 유지하고 면역 체계를 지원하며 전반적인 성장과 발달을 촉진하는 데 중요한 역할을 한다.

• 공급원

비타민 A는 동물성 제품(간, 우유, 계란)과 과일, 채소(당근, 고구마, 시금치)를 포함한 다양한 식품에 풍부하게 함유되어 있다. 비타민 A의 전구체(비타민 A가 될 수 있는 물질)를 프로비타민 A(provitamin A)라고 한다.

• 구조

비타민 A는 레티놀(retinol)이라고 하는 고분자 알코올이다. 비타민 A는 모두 트랜스 구조를 나타내고 있다. 프로비타민 A는 비타민 A로 전환될 수 있는 화합물이다. 그러한 프로비타민 A의 하나가 베타-카로틴(β-carotene)이다.

비타민 A = 레티놀, 레티놀은 분자구조에서 −OH(알코올)기를 가진 물질이다. 산화반응이 일어나면 알코올(-OH)이 알데하이드(-CHO)라는 물질로 변하면서 레티놀에서 레티날로 변화가 일어난다. 그리고 여기서 한 번 더 산화가 일어나면 알데하이드기가 아세트산으로 변하면서 레티날이 레티날산으로 변하게 된다.

레티놀이 산화반응에 의해서 레티날로 변환되었다가 다시 환원반응에 의해서 레티놀로 변환될 수 있다. 그러나, 레티날이 레티날산이 되면 다시 레티날로 돌아가기 쉽지 않다.

베타-카로틴은 레티놀이 두 개가 결합된 모양과 유사하다. 베타-카로틴이 산화가 되면서 분해가 일어나면 레티날을 거쳐 레티놀로 변화된다. 분해라는 과정을 거쳐야 하기에 레티놀과 같은 물질로 보기는 힘들지만 자르기만 하면 비타민 A를 만들 수 있다고 해서 프로비타민 A(비타민 A 전구체)라고 불린다.

Retinol   Retinal   Retinoic Acid

정리하면,

비타민 A = 레티놀

비타민 A = 레티노이드(레티놀, 레티날, 레티노이드)

비타민 A = 레티노이드 + 비타민 A 활성을 갖는 카로티노이드이다.

화학식은 $C_{20}H_{30}O$으로, 식품이나 화장품을 통해 레티놀의 형태로 흡수된다. 녹황색 채소나 해조류에 함유된 베타–카로틴(β–Carotene)은 창자와 간에서 레티놀로 전환되는 비타민 A의 전구물질이다. β–카로틴은 레티놀 분자 두 개가 선형으로 이어진 형태를 이루고 있으며 소화과정에서 반으로 쪼개져 두 개의 레티놀 분자로 변환된다.

구조나 이명을 보면 알코올의 일종이라는 것을 알 수 있다. 안구에서는 이것을 산화시켜 알데하이드인 레티날을 만들고 끝으로 카르복시산인 레티노산을 만들어 각각 이용한다.

사람에서 프로비타민 A는 간에서 비타민 A로 전환된다. 사람과 달리 쥐 및 돼지를 포함한 어떤 동물은 장벽에서 프로비타민 A를 비타민 A로 전환시킨다.

• 성질

화학적 성질: 비타민 A는 열, 산, 알칼리에 비교적 안정적이지만, 자외선에 의해 쉽게 파괴된다. 비타민 A는 화학적으로 레티날, 레티노산 같은 여러 형태로 나타난다.

생리적 성질: 대부분의 식이 비타민 A는 식물의 노란 색소인 카로틴의 형태로 존재한다. 우리가 섭취하는 카로틴의 약 절반이 체내에서 비타민 A로 전환되고 나머지 반이 탄화수소로 사용된다. 비타민 A는 지용성 비타민이기 때문에 만약 우리가 먹는 음식에 지방이 부족하거나 간에서 너무 적은 양의 담즙이 분비되거나, 갑상샘 호르몬이 적게 분비되면 장에서 비타민 A의 흡수가 제대로 이루어지지 않는다.

- 1일 권장량

성인 남성은 하루 5000IU, 성인 여성은 하루 4000IU, 임산부나 모유수유를 하는 여성은 하루 5000IU, 영유아들은 어른 필요량의 약 10분의 1정도가 필요하다. 영유아의 필요량은 모유수유를 통해 공급될 수 있다.

- 결핍증

비타민 A 결핍의 초기 증상은 야맹증으로, 망막 장애가 원인이다. 그리고 나서 오래되지 않아 눈의 흰자(결막)과 각막이 건조해지고 두터워지는데, 이러한 상태를 안구 건조증이라고 한다. 안구 건조증은 특히 비타민 A가 충분히 섭취되지 않는 중증 칼로리 및 단백질 결핍이 있는 소아에게서 흔히 발생한다. 눈 흰자에 거품같은 침전물(비토 반점)이 나타날 수 있다. 안구 건조증의 특징은 건조한 각막이 연화되고 저하되어 빛을 통과시키지 못하며, 실명을 초래할 수 있다.

피부가 건조해지고 각질이 생기며 폐, 장 및 요로 내막이 두터워지고 단단해진다. 이렇게 굳어지는 상태를 각질화라고 한다. 각질화가 기도를 덮고 있는 막에 나타나면 막이 건조해지기 때문에 감기, 폐렴 및 기타 호흡기 감염 때보다 더 심한 고통을 느낄 수 있다.

- **과다증**

비타민 A 독성이 있는 대부분의 사람들은 두통 및 발진을 느낀다. 일정 기간 동안 너무 많은 비타민 A를 섭취하면 머리카락이 거칠어지고 부분 탈모(눈썹 포함)가 발생하며 입술이 갈라지고 피부가 건조하며 거칠어질 수 있다. 다량의 비타민 A를 만성적으로 섭취하는 것은 간 손상을 야기할 수 있다. 또한 태아의 선천적 결손을 유발할 수 있다.

다량의 비타민 A를 한 번에 섭취하면 몇 시간 내에 졸음, 성마름, 두통, 메스꺼움 및 구토가 발생하고 나서 때로는 피부가 벗겨질 수 있고 이후에도 비타민 A 섭취를 중단하지 않으면 혼수 및 사망까지 이어질 수도 있다.

임신 중에 이소트레티노인(중증 여드름을 치료하는 데 사용되는 비타민 A 유도체)을 복용하면 선천성 결손이 초래될 수 있으니, 임신부나 임신이 예상되는 여성은 안전 상한치(3,000마이크로그램)를 초과하여 비타민 A를 섭취하면 안 된다.

매일 많은 양의 당근을 먹으면 피부가 노랗게 되는 카로틴 피부증(carotenosis)을 초래할 수 있다.

- **장 흡수**

비타민 A는 사용될 때까지 간에 저장된다. 아연은 비타민 A가 간에서 나오는 데 필요하다. 아연이 결핍되면 반대 현상이 발생할 수 있다. 또 담즙이 나오지 않으면 비타민 A는 지용성이기 때문에 흡수되지 않아서 다양한 지용성 비타민 결핍증을 초래할 수 있다.

2) 비타민 D

- **공급원**

비타민D는 때때로 햇빛 비타민(sunshine vitamin)이라고도 한다. 비타민D

가 가장 풍부한 공급원은 대구나 넙치와 같은 어류와 정어리, 연어 및 고등어와 같은 기름이 풍부한 어류의 살코기이다. 그 외에도 호두, 오트밀, 요거트, 브로콜리, 올리브오일, 달걀, 검은콩, 잎이 많은 녹색채소 등 이처럼 아주 많은 음식들이 비타민D를 공급해주고 있다.

• 구조

비타민D는 일종의 콜레스테롤로부터 유도된 스테롤 군이다. 비타민D군 중 가장 중요한 2가지 비타민은 비타민D2(에르고칼시페롤)와 D3(활성형7-디하이드로콜레스테롤)또는 콜레칼시페롤이다. 비타민D3는 가지사슬의 구조만 다를 뿐 비타민D2와 비슷하다. 비타민D3는 7-디하이드로콜레스테롤의 자외선 조사에 의해 만들어진다. 그래서 그것을 자주 "활성형 7-디하이드로콜레스테롤"이라고 한다

비타민의 구조식

피부에 있는 7-디하이드로콜레스테롤은 자외선 조사에 의해 비타민D3로 전환된다.

비타민D는 체내에서 중요하게 적용하는 지용성 비타민으로 주로 햇빛을 통해 피부에서 합성된다. 비타민D가 피부에서 생성되면 혈액을 통해 간으로 운반되어 25-하이드록시비타민D(25(OH)D)로 전환되는 이 과정은 비타민D의 활성 형태인 칼시트리올을 만드는 첫 번째 단계이다. 이 활성 형태

는 신체 내에서 칼슘과 인의 흡수를 조절하며, 뼈 건강 유지에 필수적이다.

• 성질

비타민D는 지용성으로 지방에 용해되지만 물에는 용해되지 않으며 사람에게서는 비타민 는 비타민 보다 효능이 더욱 좋다 비타민 와 비타민 의 차이점에 대한 연구는 여전히 활발히 진행 중이며, 비타민 가 일반적으로 체내에서 더 효율적이고 활성화가 잘 된다고 알려져 있다. 그러나 특정 고용량 치료나 특수한 상황에서는 비타민 가 더 효과적일 수 있다는 주장이 제기된 바 있다. 특히 의약적 사용에서 비타민 는 특정 환자군에서 유리할 수 있으며, 경제적인 이유나 채식주의자 등에게 더 적합할 수 있다.

• 1일 권장량

비타민 D의 1IU는 에르고칼시페롤 0.025µg에 해당한다.

대상	충분섭취량	상한섭취량
영아	5	25
유아	5	30~35
남자	5~15	100
여자	5~15	100
임신부	+0	100
수유부	+0	100

• 생리적 작용

비타민D는 소장에서 칼슘과 인의 흡수를 증가시키고 그것은 뼈에 작용하여 정상적인 성장과 발달을 초래한다

• 결핍증

구루병은 주로 비타민 D 결핍으로 발생하는 병이다. 햇빛이나 음식으로 비타민 D를 충분히 섭취하지 못하여 발생한다. 최근에는 모유 수유가 증가하면서 구루병이 증가했다. 모유에는 분유의 절반에 못 미칠 정도로 극소량의 비타민 D가 포함되어 있기 때문이다. 모유 수유를 하는 아이가 햇빛을 충분히 받지 않으면 구루병이 생길 수 있다. 구루병은 보통 생후 3개월~1년 6개월 사이에 많이 발생한다. 유아에게는 비교적 가벼운 증상이 나타나지만, 2~3세 어린이에게는 중증으로 나타나는 경우가 많다. 또한 미숙아는 구루병에 걸리기 쉬우며, 증상도 심하다.

구루병은 뼈에 인산 칼슘이 축적되지 못해 생기고 뼈가 연하고 휘기 쉽다 이로인해 뼈가 굽고 기형으로 변하게 되는 것이다. 성인에게도 일어날 수 있다 하지만 그 확률은 매우 적다 너무 적은 음식을 섭취하면 생긴다. 성인은 뼈가 이미 다 성장했기 때문에 관절이 커지지는 않는다. 하지만 일부는 기형이 발생할 수도 있다.

• 과다증

과다증에는 허약, 권태, 피로, 메스꺼움, 구토 및 설사와 같은 증상들이 일어난다.

비타민 D 과다증은 주로 고용량의 비타민 D 영양제를 복용하는 사람에게 나타나며, 혈액검사시 나타나는 높은 칼슘 수치 검출을 통해 진단한다. 이는 위에서 언급되었듯 비타민D의 대사과정에서 칼슘의 흡수를 조절하기 때문인데 높은 칼슘 수치로 인해 신체 전체에 칼슘이 축적되어 문제를 발생시킨다. 가장 대표적인 예로는 신장의 영구적 손상으로 인한 기능 부전이 있다.

이러한 경우 체내 칼슘 수치로 인한 영향을 쇄쇄하는 것이 우선으로 비타민 D 보충제 복용을 중단시키고 뼈에서의 칼슘 방출 억제를 위해 코르티코스테로이드 또는 비스포스포네이트를 투여한다.

3) 비타민 E

비타민 E(Vitamin E)는 지용성 비타민의 한 종류이다. 식물성 기름, 밀이나 쌀의 씨눈, 우유, 알의 노른자위, 채소의 푸른 잎 등 들어 있고, 육류, 생선, 동물성 기름 그리고 녹황색채소에는 소량의 비타민 E가 들어 있다. 생체막에서 지방질 산화 방지, 적혈구 보호, 세포호흡, 헴 합성 및 혈소판 응집에 관여한다.

비타민 E는 α, β, γ, δ 토코페롤과 토코트리에놀을 모두 포함하는 화합물을 의미한다.

비타민 E에는 토코페롤과 토코트리에놀 중 α-토코페롤이 중요하며, α-토코페롤의 분자식은 $C_{29}H_{50}O_2$이다.

비타민 E의 화합물인 알파-토코페롤은 강력한 항산화 효과를 나타낸다. 항산화제는 자유 라디칼로부터 세포를 보호하여 노화를 지연시킨다.

한국인의 1일 비타민E 섭취기준, 단위:mg

남자	12-14세	10
	15-18세	11
	19-29세	12
	30-49세	12
여자	12-14세	10
	15-18세	11
	19-29세	12
	30-49세	12

비타민 E (알파-토코페롤 형태 기준)의 권장 섭취량 (RDA)은 15mg 또는

22.5 IU (국제 단위)이다. (알파 토코페롤 1mg은 1.49 IU)

식물유가 비타민 E의 주요 공급원인데 비타민 E가 지방과 섭취할 때 가장 잘 흡수되므로 초저지방 식단에는 비타민 E가 부족하다. 지방 흡수력을 손상시키는 장애에는 간 질환, 담낭 질환, 췌장염 및 낭성 섬유증이 있는데 비타민 E 흡수력을 감소시키고 비타민 E 결핍의 위험을 증가시킬 수도 있다. 비타민 E 결핍의 가장 흔한 원인은 비타민 E 섭취량 부족이다.

이러한 비타민E의 섭취가 부족하면 결핍증상이 나타난다. 소아의 경우에는 느린 반사감, 걷기 곤란, 위치 감지력 상실 등이 있다. 성인은 빈혈증을 유발할 수 있고, 미숙아는 미숙아 망막증이라고 부르는 장애의 발생 위험이 있다.

비타민 E의 결핍 진단은 신체검사와 혈액진단으로 알 수 있고 비타민 E 보충제 투여로 치료할 수 있다.

4) 비타민 K

비타민 K는 지용성 비타민의 한 종류로 녹황색 채소(시금치, 양배추, 브로콜리, 자주개자리 등)나 썩힌 생선, 간, 달걀 등에도 있다. 비타민 K는 3가지의 형태로 나뉜다. 혈액 응고 촉진에도 필요한 비타민 K의 일종인 K1(필로퀴논), K2(메나테트레논), K3(메나디온) 이다. 화학식은 $C_{31}H_{46}O_2$이고 담황색 기름이다.

비타민 K는 지방에는 용해되지만 물에선 용해되지 않으며 열, 공기, 습기, 등에는 비교적 안정적이지만 산성 및 알칼리성 용액에서 쉽게 파괴된다.

비타민 K의 1일 권장 섭취량은 성인 남성 80μg, 성인 여성 65μg이다. 사실 음식에 있는 지방 서운과 먹어야 체내에 더 잘 흡수되어 장기간 고용량 섭취해도 독성이 없다. 따라서 최대 섭취량의 제한은 없다.

비타민 K의 섭취가 저하하면 결핍이 발생할 수 있다. 결핍의 원인은 식단 내 비타민 K 부족, 일부 항생제 투여, 비타민 K의 흡수력 저하시키는 다량의 미네랄 오일 섭취 등이 있다. 결핍 증세로는 피부에서 타박상을 일으키거나 상처 부위, 위 또는 장 출혈, 경우에 따라 위 출혈로 피를 토하기도 한다. 또 뼈를 약화시킬 수도 있다. 이러한 결핍증세의 치료로는 K 주사를 주입하는 것이 있다.

비타민 K는 과다증도 존재한다. 비타민 K 과다증의 경우 적혈구의 파괴로 인한 빈혈, 황달등으로 신생아의 황달, 고빌리루빈혈증을 악화시킬 수 있다.

2. 수용성 비타민

수용성 비타민은 물에 비교적 잘 용해되는 비타민으로 소변으로 배설될 수 있다. 이런 특성으로 인해 체내에 축적되어 독성을 일으키는 거의 없으며 종류는 크게 비타민 B 복합체와 비타민 C로 나눌 수 있다.

B 복합체는 비타민 B군으로도 불린다. 비타민 (티아민), 비타민 (리보플라빈), 니아신, 피리독신, 판토텐산, 비오틴, 엽산, 비타민 (코발라민)이 이에 속하며 각각의 비타민 B들은 다른 생리적 활성을 가지고 있다.

1) 비타민 (티아민)

• 구조 및 성질

비타민 (티아민)의 구조식

티아민은 염산염(hydrochloride)의 결정으로 존재한다. 여기서 염산염이랑 유기 염기와 염산으로 형성된 염으로 2염 형태로 염화물이 2개 존재하는 것이 티아민 질산염과의 차이점이라 할 수 있다.

티아민은 물과 알코올(농도 70%까지)에 용해되나 지방과 지방 용매에는 용해되지 않는 성질을 가진다. 또 티아민의 구조와 화학적인 성질 때문에 산성 용액에서는 안정적이지만 알칼리성, 중성 용액에서는 파괴되며, 120도에서 30분간 가열해도 활성을 잃지 않고 완전히 안정하다.

• 티아민의 기능

티아민은 신경 및 심장 기능이 정상적으로 작동하고 탄수화물, 단백질, 지방대사가 이뤄지는데 필수적이다. 티아민의 80%는 간에서 전환되어 티아민의 조효소 형태인 티아민 피로인산(thiamine pyrophosphate, TPP)으로 존재하는데 이것은 피루브산과 α-케톤산의 탈카르복실화를 촉매하는 효소의 조효소로서 작용한다. 그렇기 때문에 티아민의 결핍이 있는 동안에는 혈액에 피루브산이 축적되어 탄수화물이 적절하게 대사되지 않는다.

또, 신체 조건에 따라 신체의 티아민 요구량은 변화하는데 그 조건은 아래와 같다.

티아민의 신체 권장량이 변화하는 조건

증가	- 열이 있거나 근육 활동이 많을 때 - 갑상선 항진증 - 임신 및 수유 기간일 때
감소	고단백질 식이, 고지방 식이를 섭취할 때

• 결핍증

 효모, 우유, 달걀, 육류, 견과류, 정제하지 않은 원형곡류에 주로 들어있는 티아민은 결핍이 일어나기가 쉽지 않으며 결핍시 다른 비타민 B들의 결핍도 함께 나타난다는 특징이 있다. 그렇기에 티아민의 결핍은 알코올 중독자와 같이 영양 상태가 좋지 않은 사람에게 주로 나타나지만 정제된 쌀만 오랜 시간 섭취할 시 나타나기도 한다.

 티아민 결핍시 초기에는 식욕 저하, 불안, 단기 기억능력 저하 등의 증상을 보이지만 결핍이 지속될시 성장 정지 및 체중 감소, 통증과 감각 이상을 호소한다.

 가장 대표적인 결핍증으로는 각기병이며, 대표적 증상은 티아민 결핍과 같이 식욕저하, 체중감소, 무기력증 등을 보이며 주 발병위치는 신경계, 심혈관계, 근육, 소화기이다. 각기병은 종류에 따라 다른 세부적 증상을 보이는 것이 특징인데 건성 각기병의 경우 통증, 손발 저림과 감각 저하, 안구 진탕, 보행 이상, 혼수 등의 증상을 보이고 심하면 사망에 이를 수 있다. 습성 각기병은 직접적인 사망을 일으키지는 않지만 다리의 부종, 심박수 증가, 폐 울혈, 울혈성 심부전으로 인한 심장 비대, 호흡 곤란 등의 증상을 야기한다.

 그 외 대표적인 티아민 결핍증으로는 베르니케 코시코프 증후군이 있다.

이 질환은 주로 알코올 중독에 의한 비타민 (티아민)의 섭취 부족으로 생기기 때문에 주로 45세 이후의 남성에게서 발병한다. 베르니케 코시코프 증후군은 베르니케 증후군과 코시코프 증후군으로 분리 가능하며 그 둘의 증상은 차이를 보인다. 베르니케 증후군의 경우 보행의 어려움, 안구 진탕, 혼란이 주요 증상이지만 코시코프 증후군의 경우 신경계 중점의 증상으로 기억상실, 말초신경 장애, 의식 장애 등의 증상이 나타난다.

이러한 비타민 (티아민) 결핍증들의 경우 고용량의 비타민제를 투여하여 치료한다.

2) 비타민B2 (리보플라빈)

• 구조 및 성질

비타민B_2 (리보플라빈)은 오탄당 알코올과 색소로 구성되어 있다.

비타민B_2 (리보플라빈)은 오렌지-적색의 결정성 고체 형태이며, 지방 용매에는 용해되지 않지만 물과 알코올에는 비교적 용해가 잘 되는 성질을 가지고 있다. 빛과 알칼리 용액에 의해 파괴되는데 특히 빛의 종류에 따라 다른 반응을 보이는 점이 흥미롭다고 할 수 있다. 자외선에 노출될 시 자연적으로 형광색을 띠며 불활성화되는 반면 가시광선은 불활성화 작용만 나타나기 때문인데 이렇게 빛에 취약한 것과는 다르게 열에는 화학적 구조와 생리적 활성을 유지하며, 변형이나 분해가 일어나지 않는다. 또한 비타민는 자연에서 FAD(flavin adenine dinucleotide)와 FMN(flavin mononucleotide), 이 두 가지 형태로 존재하는 것도 특징으로 볼 수 있다.

- 1일 권장량

소아	0.8~1.2mg
성인 남성	1.4~1.8mg
성인 여성	1.2~1.3mg

리보플라빈의 하루 권장량은 성인 남성 기준 1.5mg이지만 우리나라의 경우 권장량보다 적게 섭취하는 경우가 많다.

- 결핍증

리보플라민은 육류, 닭고기, 생선과 같은 동물성 식품과 유제품에 풍부하며 효모, 우유, 간, 신장, 심장 및 녹색 잎 채소에 있으며 곡류에는 거의 함유하지 않는다.

리보플라빈은 영양 상태가 좋지 않은 사람에게 다른 비타민 B군 결핍을 병행하여 결핍증을 보이며, 이에 대한 원인으로는 섭취 부족과 내분비 이상, 흡수장애 등이 있다. 리보플라빈은 시력 유지, 철분 대사 보조, 피로 감소 등의 기능을 가지고 있으며 부족하면 지방이 에너지원으로 활용되는 데에 어려움이 생기게 되면서 체내에 중성지방이 축적된다.

섭취 부족의 경우 리보플라빈의 공급원을 적절히 섭취해도 조리나 보관 과정에서 손실이 일어나 발생하기도 하는데 이는 비타민B_2 (리보플라빈)의 빛과 물에 취약하기 때문이다. 이에 대한 예시로는 신생아의 피부 질환 치료를 위해 오랜 시간 광선 요법을 사용할 시 빛 민감성 때문에 체내 리보플라빈이 불활성화되어 결핍을 초래하는 것이 있다. 그 외 실생활에서 리보플라민 공급원 보관시 빛에 노출되는 경우도 리보플라민 손실을 야기하는 예로 들 수 있다. 리보플라민 결핍 증상으로는 얼굴 창백, 입 안쪽과 입술에 통증이 있는 갈라짐, 우울 등이 있으며 구순염, 설염, 눈과 코 주위 병변으로 인한 피부염과 각막 혼탁을 초래한다. 임산부에게 리보플라빈 결핍증은 태아의 선천성 심장 결함과 사지 기형등을 야기한다.

결핍의 치료 방법으로는 비타민B_2 (리보플라빈) 보충제를 경구 투여하거나 다른 복합 비타민 제제에 포함시켜 정맥, 근육 주사로 투여하는 방법이 있다.

3) 니아신

니아신은 니코틴산과 니코틴아미드의 생리활성을 나타내는 유도체들을 통칭하며, 펠라그라 질병의 예방과 치료, 혈액순환 촉진과 콜레스테롤 감소 등에 효과적인 것으로 알려져 있다.

에너지 대사에서 중요한 역할을 하는 NAD^+와 $NADP^+$의 구성성분이며, NAD^+와 $NADP^+$는 환원되었다가 산화될 때 3개의 ATP를 생산한다. 이 비타민이 결핍되면 입안이 헐고 피부병, 식욕 감퇴 등의 증세를 가진 펠라그라 라는 병이 생긴다. 아미노산의 하나인 트립토판 (tryptophan)으로부터 어느 정도의 니아신이 합성되기도 하는데 그 효율은 매우 낮아서 60mg의 트립토판으로부터 약 1mg의 니아신이 합성된다고 한다.

니아신이 결핍한 경우에는 트립토판으로부터의 공급이 니아신의 결핍을 막아주는 역할을 할 수 있다. 옥수수의 단백질에는 트립토판이 니아신이 결핍한 데에다 트립 토판으로부터의 니아신 공급도 이루어지지 않기 때문에 옥수수를 주식으로 할 경우 니아신의 결핍증에 걸리기가 더 쉬웠다는 것을 알게 되었다.

식품들의 니아신 함량의 수치

급원 식품	니아신 함량(mg/100g)	급원 식품	니아신 함량(mg/100g)
효모	23.1	참다랑어	11.2
표고버섯	13.0	송어	9.8
땅콩	16.7	닭간	9.8
가다랑어	15.3	멸치	8.8
쇠간	14.7	고등어	8.2
물치다래	12.5	해바라기씨	8.2
돼지간	11.8	정어리	8.1

4) 피리독신

원래 비타민 또는 쥐 항피부염 인자로 불리우던 피리독신 (PN)은 가장 흔한 비타민 보충제이다. 피리독신의 구성으로는 아미노산 대사에 관여하는 조효소의 구성성분이다. 아미노산의 아미노기는 전 아미노 반응에 의해서 한 아미노산에서 다른 아미노산으로 이전된다. 피리독신의 역사를 설명하자면 1915년에 지용성 A와 수용성 B가 발견된 후, 비타민의 발견은 급속한 발전기를 맞이했다. Kuhn과 그의 동료들이 리보플라빈을 분리하는 과정에서, 그들은 성장 촉진 활성과 추출물의 형광 사이의 특이한 관계를 알아챘고 그들은 이 현상을 열안정 복합체에 두 번째 화학적 존재의 증거로 여겼다. 그들은 이 물질을 비타민 라고 명명했다. 그 이후의 연구에서 은 피리독신, 피리독살 및 피리독사민의 혼합물인 것이 밝혀졌고, 피리독신이 쉽게 상호 작용 전환할 수 있는 물질이기 때문에 이러한 화합물을 대표하는 명칭이되었다.

비타민 의 화학적 형태는 식물성과 동물성 식품에 따라 달라지는 경향이 있다. 식물 조직은 피리독신(자유 알코올 형태인 피리독신)을 가장 많이 함유하고 있는 반면, 동물 조직은 피리독살과 피리독사민을 가장 많이 함유하고 있다.

피리독신 결핍증의 경우 성인에게서는 피부염, 혀염, 자극에 대한 과민반응, 무감동 등의 증상을 나타내지만 이런 증상들은 식이 요법을 통해 완화될 수 있다.

5) 판토텐산

판토텐산은 비타민 B 복합체에 속하는 물질으로 비타민 에 속한다. 기능으로는 피부세포 형성 및 유지와 피부 속 수분을 유지하고 피부 장벽 강화에 도움을 준다.

판토텐산은 자연계에 널리 분포되어 있는 비타민으로 결핍증이 나타나기는 매우 어렵다. 유래로는 그리스어로 "pantos" "어디서나"라는 뜻인데 비타민 의 이름은 여기에서 유래되었다. 판토텐산은 체내 에너지 대사에서 중요한 역할을 하는 조효소인 coenzyme A(CoA)의 구성성분이기 때문에 신체에 필수적인 성분이다.

판토텐산은 위에서 언급했듯이 중요 조효소인 A(CoA)의 구성성분이기 때문에 결핍될 경우 성장과 번식에 장애가 발생하고 소화기 및 뇌 신경 장애등이 일어난다. 동물에게 판토텐산의 결핍은 부신피질의 변성과 생식 이상을 일으키며, 병아리의 경우에는 성장부진과 우모착생(羽毛着生)이 불량해지는 것이 특징이다.

판토텐산의 구성원은 버섯 육류의 간, 땅콩, 달걀, 닭고기, 곡류 등으로 풍부하게 함유되어 있다. 판토텐산의 여드름 치료제로서의 효능이 있고 여드름 개선 기능에 대한 연구들이 활발하게 이루어지고 있다.

6) 비오틴

비오틴(biotin)은 황(sulfur)을 함유하고 있는 비타민으로 지방과 탄수화물 대사에 관여한다. 비오틴은 4개의 탈탄산효소(carboxylase)의 필수적인 보조인자로 작용하며, 이 중 3개는 열량과 아미노산 대사에 관여하고 1개는 지방산을 만드는 데 작용한다.

비오틴 결핍으로 인하여 건조한 피부, 습진, 발진과 같은 피부 문제를 유발할 수 있으며, 머리카락이 가늘어지고 탈모의 증가를 유발시킨다. 또한 우울증, 무기력, 인지 기능 저하와 같은 신경계 문제를 초래할 수도 있다. 혈당 조절이 어려워져 당뇨 위험이 높아질 가능성도 존재하게 된다.

반대로 비오틴이 과다복용 된다면 피부에 여러 가지 문제가 생길 수 있다. 특히, 피지선이 과도하게 활성화되어 여드름이나 피부염 같은 증상이 나타날 수 있다. 비오틴 과잉으로 인한 피지선 과잉 활동으로 인해 여드름과 피부염이 발생한다. 소화 속도가 느려져 변비가 생길 수 있고, 소화관이 자극을 받아 위장관 문제가 발생 / 대표적인 부작용 증상으로 변비 존재함 비오틴 과잉으로 소화관 속도가 저하되어 배변 횟수가 줄어들고 변이 경직될 가능성이 존재한다. 비오틴을 과다하게 섭취하면 신장이 손상 되는데 특히 투석환자의 경우 비오틴이 제대로 제거되지 않아 합병증 발병한다

7) 엽산

엽산은 프테리딘 핵과 파라 – 아미노벤조산 및 글루탐산으로 구성된다.

보통 대부분 식품 중에 들어 있는 엽산은 3~11개의 글루탐산이 펩티드 결합에 의해 연결되어 있는 폴리글루탐산(poly glutamate)의 형태로 존재한다.

엽산은 프테로일글루탐산으로 불리며 엽산균과 관련된 몇 가지 화합물이다.

엽산균에 속한 다른 균들로는 ① 프테로산, ② 프테로일트리글루탐산 및 ③ 프테로일헵타글루탐산 존재한다.

① 프테로산

아미노산의 일종으로서 글루탐산과 반응하여 프테로일글루탐산을 만든다.

② 프테로일글루탐산

PGA, pteGlu 약기로써 비타민 B군에 속한다.

생체내에서는 포르밀기, 메틸기 등등 C1단위이다. 전이반응을 촉매하는 효소의 보조 효소이다.

③ 프테로일헵타글루탐산

PHGA. 효모에서 발견된다.

7개의 L - 글루탐산의 펩티드와 1분자의 폴산이 결합한 것이다.

오렌지 색의 미세결정이며 200도 부근에서 변색하지만 360도까지 탄화하지 않는다.

- 환원형의 엽산

테트라히드로엽산은 콜린 및 메티오닌의 합성과 같은 화합물을 형성할 때 메틸기를 전달하는 조효소로써 작용한다

한국인의 엽산 권장섭취량은 성인의 경우 하루 400µg이지만 남녀 모두 이에 못 미치는 평균섭취량을 보이고 있고, 특히 20대 섭취량이 가장 부족한 상황이다.

엽산의 일일 권장량- 성인남성 200 ug, 성인여성 180ug, 임산부 620ug
성인에게 엽산의 결핍은 거대아구성 빈혈과 위장관 장애를 일으킨다.

*거대아구성 빈혈 - 세포질은 정상적으로 합성되지만 핵의 세포분열이 정지되거나 지연되어 세포의 거대화를 초래하는 빈혈 질환이다.

임산부가 엽산이 부족하다면 신경관 결함을 초래할 수 있다. 미국에서는 가장 흔한 주요 출생 결함중 하나이며, 1000명 아기중 2명이 이 결함이 있다고 보고하였고 임산부가 엽산을 섭취해야 하는 이유는 태아의 신경과 결함을 예방할 수 있으며 임신 한 달 이내에 태아의 뇌신경과 척수신경 형성에 중요한 역할을 하기 때문이고 특히 임신 1기(0~13주)는 태아의 주요장기 형성 시기로서 이때 엽산이 부족하다면 신경관 결손 등 심각한 문제발생 그러므로 임신 2기까지는 꾸준한 섭취가 필요하다.

8) 비타민 B12(코발라민)
- 구조 및 성질

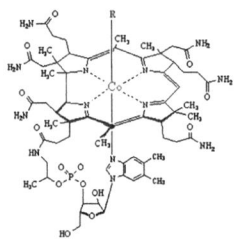

코발라민은 무취, 무미한 적색 결정의 화합물이며, 물과 알코올에는 용해되지만 에테르 및 아세톤 과 같은 지방 용매에는 용해가 되지 않고 코발라민의 특징 중 코발트(Co) 원소를 함유하고 있다. 시아노코발라민은 비타민을 분리하는 동안 시아노기가 중앙에 코발트와 결합 이러한 화합물이며, 이것과 같은 시아노기는 코발라민이 활성화되기 전에 메틸기로 치환된다.

분자 구조에서 중요한 역할을 담당하는 것은 코발트 종류의 미네랄이다. 따라서 비타민 B12는 수용성 비타민이기 때문에 우리 몸에 필요하지 않는 초과량은 자연스럽게 배출된다. 따라서, 비타민 B12는 과다 복용할 필요가 없다. 흡수되는 과정은 비타민B12가 풍부한 음식 섭취시, 위산이 비타민을 단백질과 분리한 후 비타민B12 흡수를 돕는 위장 단백질인 내인자와 결합하여 흡수 진행한다.

효능은 적혈구 생성 하여 적혈구의 DNA합성에 관여하여 혈액 생산 촉진 → 빈혈예방, 많은 다양한 영양소 풍부 → 에너지로 전환하여 피로 감소, 백혈구 기능을 강화 → 면역력 향상, 호모시스테인 수치 낮춤 → 심혈관 질환을 예방한다.

비타민B12 결핍증은 비타민B12의 낮은 혈중 농도로 인해 나타나는 의학적인 질환을 말하며 우울증, 과민반응, 정신병과 같은 감정적인 변화와 생각하는 행동 능력의 감소를 비롯하여 다양한 소견과 증상 발생가능하다

또한 혀의 염증, 맛의 감소, 적혈구 감소, 심장 기능의 저하 및 수태 감소 반사작용의 변화 및 불량한 근육 기능 발생, 어린이의 경우 초기 치료 실패시 영구적인 손상이 발생할 가능성이 증가한다.

• 관련물질

① 콜린(choline)

콜린(choline)은 동맥경화, 지방간 예방에 효과적인 수용성 비타민이다.

② 이노시톨(inositol)

육탄당과 이성질체관계이나 단당류에는 속하지 않으며 단맛은 설탕의 절반정도이다. 입체 이성질체는 9개이다.

③ p-아미노벤조산(p-aminobenzoic acid)

p-아미노벤조산(p-aminobenzoic acid)은 PABA로 약기로써. 분자식 $C_7H_7NO_2$ 분자량 137.14. 녹는점은 187℃. 바늘모양결정의 아미노산의 일종이다.

④ 리포산(lipoic acid)

리포산(lipoic acid)은 카프릴산(옥탄산)으로부터 파생된 유기 황 화합물이다.

9) 비타민 C(아스코브산)

대부분의 신선한 과일 및 야채에 풍부하게 들어있다. 곡류, 우유, 육류 및 달걀에는 거의 들어있지 않다. 비타민 C 는 강력한 환원제이고 공기중에 쉽게 산화된다.

특히, 철이온 및 구일이온과 같은 금속이온존재하에 쉽게 산화된다. 성인 1일 권장량은 60mg, 임신중 80mg, 수유기간중 100mg의 양이 필요로 한다.

비타민C가 결핍되면 괴혈병(scurvy)을 일으키며 허약, 빈혈, 부종, 관절통, 탈석회화 잇몸궤양, 다리근육의 경화 등이 나타난다. 그리고, 콜라겐 합성, 타이로신 분해, 에피네프린 합성, 담즙산염의 기능, 철의 흡수 및 항산화제로써 필요하다.

12장
호르몬

1. 호르몬과 내분비계

신체에는 항상성을 갖도록 정보를 전달하는 내분비계과 신경계 조절 시스템이 있다. 내분비계의 정보 전달은 화학 물질인 호르몬이 맡고 있다. 호르몬은 그리스어 'Hormao(호르마오)'에서 유래되어 '불러 깨우다, 자극하다'라는 뜻이다. 내분비선에서 생성되어 혈관을 타고 특정한 세포에 작용을 해서 표적세포라고도 한다.

2. 호르몬의 기능과 화학 구조

1) 기능
호르몬은 뇌하수체, 갑상선, 췌장, 부신, 생식선 등 몸 안에서 분비되는 화학 물질로 체내 균형을 유지하고 생리적 과정을 조정한다. 또한 호르몬은 신진대사를 조절하고 신체의 균형을 유지하며 성장과 발달을 촉진한다.

그리고 면역 기능을 조절하고 수면과 생체 리듬을 관리하며 생식과 성적 기능에도 영향을 미친다. 호르몬은 선택성과 특이성이 뚜렷하여 표적장기에만 선택적으로 작용하며 형태를 형성한다.

2) 분류

	생성(분비)된 장소	기능	예
방출 호르몬	시상하부	뇌하수체 전엽 호르몬의 분비를 촉진	갑상선 자극 호르몬 (TRH)
억제 호르몬	시상하부, 위장관계	호르몬의 분비를 억제, 감소	코르티코트로핀 억제 호르몬 (CRH)
자극 호르몬	뇌하수체 전엽	호르몬의 생성과 내분비선 성장을 자극	부신 피질 자극 호르몬 (ACTH)
효과 호르몬	시상하부와 뇌하수체를 제외한 다른 내분비선	비내분비 세포에 작용	인슐린

3) 화학 구조

아미노산 유도체: 아미노산의 구조가 변형되어 아미노산에서 유래한 화합물이다. 티로신에서 유도된 갑상선 호르몬, 에피네프린, 도파민과 트립토판에서 유도되며 송과선에서 분비되는 멜라토닌 등이 있다.

펩타이드 및 단백질: 주로 3개 이상의 아미노산이 결합된 펩타이드로 이루어진 호르몬이다. 세포막을 통과 못하는 펩타이드 호르몬은 세포 표면 수용체와 결합해 신호를 전달한다. 뇌하수체 후엽에서 분비되는 항이뇨 호르몬과 옥시토신, 뇌하수체에서 분비되는 성장호르몬 등이 있다.

당단백질: 당이 아미노산 사슬에 결합하여 당과 단백질이 결합된 호르몬이다. 뇌하수체 전엽에서 분비되는 갑상선 자극 호르몬과 프로락틴, 성선 자극호르몬(여포자극호르몬, 황체형성호르몬) 등이 있다.

스테로이드 호르몬: 콜레스테롤로부터 합성했으며 세포벽을 통과하는 지용성 호르몬이다. 성호르몬인 에스트로겐, 테스토스테론과 부신 피질 호르몬인 알도스테론과 코르티솔 등이 있다.

3. 호르몬의 분비와 조절

1) 분비

호르몬은 다양한 요인에 의해 생성되고 분비된다.

첫 번째 외부 환경 요인이다. 온도, 빛, 소리, 환경 변화 등 외부 환경의 요인은 호르몬 분비에 영향을 준다. 예시로 빛의 변화는 우리 몸에 멜라토닌 분비에 영향을 준다.

두 번째 혈당 농도이다. 혈장 내 특정 이온 및 화합물의 농도 변화는 인슐린과 글루카곤 같은 호르몬의 분비를 조절한다. 예시로 음식 섭취시 인슐린이 분비되어 혈당을 조절한다. 혈당이 높으면 인슐린이 분비되어 혈당을 낮추고, 낮으면 글루카곤이 분비되어 혈당을 높인다.

세 번째 감정과 스트레스이다. 모든 감정적 상태와 스트레스는 호르몬 분비에 영향을 미친다. 이 상황에서는 교감 신경계가 활성화되어 부신에서 신경전달물질인 에피네프린, 도파민, 아세틸콜린, 세로토닌, 코르티솔, 아드레날린을 생성하고 이들은 대뇌 피질이나 신경을 자극하여 시상하부와 부신 피질 호르몬의 방출을 자극한다.

네 번째 혈액 삼투압 증가이다. 탈수나 과도한 염분 섭취로 인해 혈액 속의 물이 상대적으로 부족해지면 물이 혈액으로 이동하는 것이다. 과정은 뇌의 시상하부에 있는 삼투수용기에 의해 뇌하수체 후엽에 신호를 보내어 ADH를 분비하도록 한다. ADH는 항이뇨호르몬이다. 뇌하수체 후엽에서 분비되는 ADH는 신장에서 물의 재흡수를 촉진하여 물이 신장에서 다시 혈액으로 재흡수되어 혈액 내 수분을 보충할 수 있도록 한다.

2) 중추신경계에 의한 조절

중추신경계는 중요한 호르몬 분비 조절 기전이다. 중추신경계는 호르몬 분비를 직접적 또는 간접적으로 조절하여 호르몬 분비와 조절에 영향을 미친다. 주요한 역할을 하는 구조는 시상하부와 뇌하수체이다.

3) 시상하부 및 뇌하수체에 의한 조절

시상하부는 간뇌의 아랫부분에 위치한다. 시상하부는 체내의 다양한 생리적 변화를 감지하고 항상성을 자동적으로 조절하는 자율 신경계의 중추 기관이다. 여러 호르몬을 분비하거나 뇌하수체에 자극을 주어 호르몬 분비를 유도한다. 시상하부는 생명을 유지하는 데 필수적인 신경 중추로 생명중추라고 한다.

뇌하수체는 시상하부 바로 밑에 있으며 콩알만 한 샘으로 뇌의 기저부에 위치한 골 구조물인 터키안장 안에 있다. 터키안장은 뇌하수체를 보호한다.

뇌하수체는 많은 호르몬을 생산하며 이러한 호르몬은 신체의 특정 부위에 각각 영향을 미친다. 뇌하수체는 대부분의 다른 내분비샘의 기능을 조절하므로 때때로 주분비 샘 또는 마스터 샘 이라고 불린다. 뇌하수체는 그 위에 위치한 뇌 부위인 시상하부에 의해 크게 조절된다.

뇌하수체는 무게의 80%를 차지하는 전엽과 후엽인 두 부분으로 뚜렷하게 나뉘어져 있다. 뇌하수체의 전엽은 여섯 가지의 주요 호르몬을 생산하고 방출한다.

부신 겉질 자극 호르몬(ACTH), 생식선자극호르몬, 성장 호르몬, 프롤락틴, 갑상선 자극 호르몬, 엔도르핀이다.

부신 겉질 자극 호르몬(ACTH)은 코르티코트로핀으로도 불린다. 이것은 코르티솔 및 다른 호르몬을 생산하는 부신을 자극한다.

생식선자극호르몬은 고환이 정자를 생산하도록 자극하고 난소가 난자를 생산하도록 자극하며 성호르몬인 테스토스테론 및 에스트로겐을 생산하는 생식기를 자극한다.

성장 호르몬은 발육과 신체발달을 조절하며 근육 형성을 자극하고 지방 조직을 감소시켜 체형에 중요한 영향을 미친다.

프롤락틴은 유방의 젖샘이 젖을 생산하도록 자극한다.

갑상선 자극 호르몬은 갑상선 호르몬을 생산하는 갑상선을 자극한다. 베타-멜라닌세포는 피부를 흑화시킨다. 엔케팔린 및 엔도르핀은 통증감각을 억제하고 면역체계를 조절하도록 도움을 준다.

뇌하수체의 후엽은 두 가지 호르몬만을 생산한다.

항이뇨 호르몬과 옥시토신이다. 항이뇨 호르몬은 바소프레신이라고도 부른다. 이것은 신장에 의해 배설되는 수분의 양을 조절하므로 신체의 수분 균형을 유지하기 위해 중요하다.

옥시토신은 남성과 여성 모두에게 역할을 하지만 여성의 출산 시 자궁을 수축시키고 분만 직후 과다 출혈을 예방하는 큰 역할을 한다. 또한 수유시 유방의 유관을 수축시킨다.

4) 호르몬의 작용 기전

호르몬은 화학구조에 따라 펩티드 호르몬, 스테로이드 호르몬, 아민/아미노산 유도체 호르몬의 3가지로 분류한다.

호르몬의 정보는 세포내의 핵으로 전달되며, 핵 속에는 DNA로 구성된 유전자군이 있다. 호르몬은 수용체에 결합함으로써 작용하는데 이 수용체는 대부분 세포막 표면에 있지만 일부는 세포질내와 핵내에 있다. 전자의 경우 세포막과 핵까지 2차 전달자가 관여하여 반응은 매우 빠르지만 작용시간은 짧다.

후자의 경우 반응은 수 시간 이상 걸리지만 작용 시간은 길다는 특징이 있다.

수용체를 가지고 있어야만 호르몬에 반응할 수 있다는 점을 알아야 한다.

호르몬 작용기전은 두 가지 작용방식이 있다. 단백호르몬, cyclic AMP계를 활성화하여 세포기능을 변동시키는 것과 지방호르몬, 세포의 유전자를 활성화하여 특정 단백을 만들어 작용하는 방법이다.

첫 번째 CAMP계를 활성화시키는 방식이다. 대부분의 단백 호르몬은 표적세포의 CAMP계를 활성화하여 작용한다. 단백질은 크기가 커서 세포막을 통과할 수 없으므로 세포막에 감수체를 필요로 하며 호르몬이 표적세포에 도달하면 세포막에 있는 감수체와 결합하여 '호르몬 감수체 복합체'를 형성한다. 복합체가 형성되면 세포막에 있는 아데닐레이트 사이클라제(adenylate cylase)가 활성화되고 이 효소의 작용으로 세포내 ATP중 일부는 CAMP로 전환된다. 생성된 CAMP가 호르몬의 특유한 작용을 나타내는데 세포의 종류에 따라서 기능이 다르다.

두 번째 세포의 유전자를 활성화시키는 방식이다. 분자의 크기가 작고 지방용해성인 지방호르몬이 표적세포에 도달하면 세포내로 확산하여 들어간다. 세포내에 들어온 호르몬들은 세포질에 있는 특정 감수체와 결합하고 호르몬-감수체 복합체는 핵내로 이동하여 들어가서 특정유전자를 활성화하며 특정 MRNA를 형성한다. MRNA는 세포질로 확산해 나온 후 리보솜에서 특정 단백질을 새로이 형성하고 지방 호르몬은 효소나 운반단백과 같은 단백질을 신생하여 호르몬의 기능을 발휘한다.

4. 뇌하수체 전엽 호르몬

호르몬	구조	표적 조직	주요 작용
성장 호르몬(GH)	단백질	전체 조직	단백질 합성과 뼈 및 근육 성장 촉진, 지방분해, 혈당이 증가한다.
부신 피질 자극 호르몬(ACTH)	폴리펩타이드	부신 피질	당질 코르티코이드 분비를 자극한다.
갑상선 자극 호르몬(TSH)	당단백질	갑상선	갑상선 호르몬의 분비를 자극한다.
여포 자극 호르몬(FSH)	당단백질	여성: 난소 남성: 고환	여성: 여포 성장, 여포의 에스트로겐 분비를 자극한다. 남성: 정자 생성 자극한다.
황체 형성 호르몬(LH)	당단백질	여성: 난소	여성: 황체 형성, 황체에서 프로게스테론 분비 자극, 배란을 자극한다. 남성: 테스토스테론 분비를 자극한다.
프로락틴(PRL)	단백질	유방	젖샘 성장, 수유를 촉진한다.

1) 성장 호르몬(Growth Hormone, GH)
- 분비 위치: 뇌하수체 전엽의 somatotroph에서 박동성으로 분비된다.
- 분비 특징: 분비량보다는 박동성 분비 횟수에 반응하여 대사 작용을 효과적으로 유도한다.
- 주요 조절 기전:
① 성장호르몬 방출 호르몬(Growth Hormone-Releasing Hormone, GHRH) → GH 분비 촉진한다.
② 소마토스타틴(Somatostatin, SS) → GH 분비 억제한다.

GH 분비 조절 신경 내분비 요인
① GHRH:

- 시상하부의 arcuate nucleus에서 생성한다.
- 뇌하수체의 GH 합성과 분비를 직접 자극한다.
- 박동성 분비가 중요하며 지속적 분비는 효과 감소한다.
- 세포 내 신호 전달: G 단백 및 cAMP 경로를 통해 작용한다.

② SS:
- 시상하부의 paraventricular nucleus에서 생성한다.
- GH 및 TSH 분비를 억제하며, 세포막의 과분극 유도 및 Ca^{2+} 감소로 GH 분비를 저해한다.
- 중추신경계 외에도 위장관, 췌장 등에서 존재한다.

GH 분비의 상호 작용 및 조절
① GHRH와 SS의 상호작용:
- GHRH는 GH 분비를 촉진, SS는 분비를 억제하며 이들의 상호작용이 GH의 박동성 분비를 조절한다.
- SS의 변화가 GHRH의 진폭을 조절한다.

② 되먹임 기전:
- GH와 IGF-I: GH는 시상하부에서 GHRH를 억제하고 SS를 촉진한다.
- 호르몬 조절: GHRH와 SS는 서로 상호 억제한다.

GH 분비에 영향을 미치는 요인
① 신경전달물질:
- α2 아드레날린성 경로: GHRH 자극 및 SS 억제를 통해 GH 촉진한다.
- 도파민: 주로 SS 억제를 통해 GH 자극한다.
- 콜린성 경로: GHRH 반응을 증대한다.

② 호르몬:

- 갑상선 호르몬(Thyroxine): GHRH 합성에 필수적이다.
- 글루코코르티코이드(Glucocorticoids): GH 유전자 발현 및 분비에 필수적이나 과다 시 GH 억제한다.
- 성호르몬(Sex Steroids): SS 및 GHRH에 작용하며, 성별에 따른 GH 분비 차이를 초래한다.

③ 대사 산물:
- 고혈당: GH 분비를 억제한다.
- 저혈당: GHRH 분비 촉진 및 SS를 억제한다.
- 아미노산: SS 감소로 GH을 촉진한다.
- 유리지방산: GH 반응을 억제한다.

2) 갑상선(갑상샘) 자극 호르몬

① 갑상선자극호르몬(TSH) 분비 뇌하수체 선종:
- TSH 분비 뇌하수체 선종은 매우 드문 질환으로 전체 뇌하수체 종양의 약 2%를 차지한다.
- 이 질환은 갑상선기능항진증을 유발하며, 혈중 TSH 농도가 억제되지 않고 오히려 증가하는 특성을 가진다. 이를 이차성 갑상선기능항진증으로 분류한다.
- TSH 분비 뇌하수체 선종의 진단은 호르몬 자극 검사, TSH α-아단위 측정, 그리고 자기공명영상(MRI) 등을 통해 이루어진다.

② 진단 방법:
- TRH 자극 검사: TSH의 반응성을 확인하는 검사로, TSH 분비 선종 환자에서는 반응이 감소하거나 없는 경우가 많다.
- TSH α-아단위 및 α-아단위/TSH molar ratio: 사갑상선자극호르몬 분비 뇌하수체 선종은 이 비율이 1 이상으로 증가하는 특징을 보인다.

- MRI: 뇌하수체의 종양 크기와 위치를 확인하는 데 사용된다.

③ 치료 방법:
- 일차적으로 수술(나비굴 경유 종양 제거술)을 통해 종양을 제거하고 갑상선 기능을 정상화한다.
- 수술이 불가능한 경우, 방사선 치료 또는 소마토스타틴 유사체 등의 약물치료가 시행된다.

④ 증상 및 임상적 특징:
- 체중 감소, 발한, 심계항진, 불안 등의 갑상선기능항진증 증상이 주로 나타난다.
- 안구돌출, 피부병변, 심방세동과 같은 증상은 드물게 나타난다.

⑤ 관련 질환:
- 본 증례에서는 강직성 척추염 환자에서 TSH 분비 뇌하수체 선종이 동반된 드문 사례를 보고하였다. 두 질환의 연관성은 아직 명확히 밝혀지지 않았다.

3) 부신 피질(겉질) 자극 호르몬

① 부신 피질 자극 호르몬(ACTH)의 개요
- ACTH(Adrenocorticotropic Hormone)는 뇌하수체 전엽에서 분비되며, 부신 피질의 호르몬 분비를 조절하는 주요 호르몬이다.
- 주요 기능:
 - 부신 피질에서 코르티솔 분비를 촉진한다.
 - 코르티솔은 스트레스 반응, 염증 조절, 혈당 유지, 면역 억제 등 다양한 역할을 담당한다.

② 분비 조절 메커니즘
- ACTH 분비는 **시상하부-뇌하수체-부신 축(HPA 축)**에 의해 조절

된다.
1. 시상하부에서 코르티코트로핀 방출 호르몬(CRH)이 분비된다.
2. CRH는 뇌하수체 전엽을 자극하여 ACTH이 분비된다.
3. ACTH는 부신 피질에서 코르티솔 분비를 촉진한다.
4. 코르티솔이 음성 되먹임(negative feedback)으로 ACTH와 CRH 분비를 억제한다.

③ ACTH 과다 분비 관련 질환

쿠싱병(Cushing's Disease):
- ACTH 분비 뇌하수체 선종으로 인해 ACTH이 과다 분비된다.
- 과도한 코르티솔 생산으로 인해 고혈압, 체중 증가, 골다공증, 근육 약화 등의 증상이 발생한다.

이소성 ACTH 증후군:
- 뇌하수체 이외의 부위에서 ACTH를 분비하는 종양(예: 소세포 폐암)이다.
- 비정상적으로 높은 ACTH와 코르티솔 농도이다.

④ ACTH 결핍 관련 질환

1. 부신피질 기능 저하증(Addison's Disease):
- ACTH 분비 부족으로 부신 피질의 코르티솔과 알도스테론 분비 감소한다.
- 증상: 저혈압, 체중 감소, 피로, 피부 색소 침착 증가한다.

2. 이차성 부신피질 기능 저하증:
- 뇌하수체 손상으로 인한 ACTH 분비 감소한다.
- 코르티솔 감소, 알도스테론 분비는 정상이다.

⑤ 진단 및 치료

㉠ 진단 방법:
- 혈중 ACTH 농도 측정: 정상 범위를 확인한다.

- 자극 테스트:
- CRH 자극 검사: ACTH 분비 기능을 평가한다.
- 덱사메타손 억제 검사: 쿠싱증후군을 감별한다.
- MRI: 뇌하수체 선종을 확인한다.

ⓒ 치료:
- 뇌하수체 종양 제거 수술한다.
- 약물 치료(코르티솔 억제제 또는 대체 요법)한다.
- 방사선 치료(필요 시)한다.

4) 프로락틴

① 프로락틴의 정의와 분비 조절
- 구조 및 특성: 프로락틴은 199개의 아미노산으로 구성된 분자량 22kDa의 뇌하수체 호르몬이다.
- 조절 메커니즘: 융기누루로에서 분비되는 도파민은 뇌하수체 문맥 혈류를 통해 도파민 D2 수용체에 작용하여 프로락틴 분비를 억제한다.
- 정상 혈청 농도: 여성은 10–25 ng/mL, 남성: 10–20 ng/mL 이다.

② 고프로락틴혈증의 원인
- 주요 원인: 프로락틴 분비 뇌하수체 선종(프로락틴종), 항정신병 약물(예: 할로페리돌, 리스페리돈 등), 기타 약물: 메토클로프라미드, 메칠도파 등이 있다.

③ 프로락틴 분비 이상에 따른 임상적 문제
- 고프로락틴혈증 유발:
- 항정신병 약물 치료 후 환자의 71%에서 프로락틴 수치가 상승한다.
- 정상치의 2배 이상 상승하여 37%로 관찰되었다.
- 극단적으로 정상치의 10배까지 상승 가능하다.

- 임상적 영향:
- 뇌하수체 선종이 있는 경우, 프로락틴 증가와 함께 시야 장애, 피로감 등이 나타날 수 있다.

5) 황체 형성 호르몬

① 황체형성호르몬(LH)의 역할과 중요성

기능:
- 난소에서 난포 성장이 촉진된다.
- 난자의 성숙 및 배란을 유도한다.
- 배란 후 난포의 황체화에 필수적인 역할을 한다.
- 스테로이드 합성이 촉진된다.
- 결핍 시 결과: 무배란, 황체기결함, 월경 장애, 반복 자연유산 및 불임을 유발한다.

② 황체형성호르몬의 구조와 유전자 돌연변이

구조:
- LH는 글리코프로틴 호르몬으로, 공통 α-subunit과 특이적 β-subunit으로 구성된다.
- α-subunit은 염색체 6번에 위치, β-subunit은 염색체 19번(19q13.3)에 위치한다.

유전자 돌연변이:
- β-subunit에서 돌연변이는 드물지만 발생 가능하다.

대표적인 돌연변이:
- G1502 → A1502 (아미노산 102번이 Serine에서 Glycine으로 치환).
- 아미노산 치환(W8R, I15T).

돌연변이의 영향:

- LH의 기능 및 생물학적 활성 변화한다.
- 고성선자극호르몬성 성선기능부전증과 관련 가능하다.

③ 황체형성호르몬과 여성 불임
- LH와 불임의 연관성:
- LH 돌연변이는 무배란, 불규칙 월경, 자궁내막증, 배란 장애와 연관된다.
- G1502 → A1502 돌연변이는 자궁내막증 관련 불임 여성에서 높게 관찰된다.
- 돌연변이로 인한 LH 기능 저하가 생식 내분비 축에 영향을 미친다.
- 연구 결과:
- 본 연구에서는 32명의 불임 여성 대상 검사에서 G1502 → A1502 돌연변이가 관찰되지 않는다.
- 돌연변이는 사례가 적고 발견하기 어렵다.

④ 황체형성호르몬과 관련된 수용체 돌연변이
- 수용체 돌연변이:
- LH 수용체 돌연변이는 반음양(pseudohermaphroditism), 무월경, 배란 장애가 유발된다.
- 돌연변이가 호르몬보다 더 심각한 표현형 결함 및 내분비 장애 초래가 가능하다.
- 비활성화 돌연변이(inactivating mutation)는 호르몬의 작용이 감소한다.

⑤ 연구 및 임상적 시사점

현재 상황:
- LH β-subunit 돌연변이는 사례가 적어 연구 필요성을 강조한다.
- 돌연변이가 in vivo에서 LH의 면역원성 및 생물학적 기능에 미치는 영향에 대한 추가 연구가 필요하다.

임상적 적용:
- 불임 환자 대상 LH 유전자 및 수용체 돌연변이 분석을 통해 치료 방안 모색해야 한다.
- LH 및 수용체 변이가 불임 병리학에 미치는 영향을 규명해야 한다.

⑥ 결론
- 황체형성호르몬의 β-subunit 돌연변이는 여성 불임과 연관될 수 있으나, 본 연구에서는 발견되지 않았다.
- 더 많은 사례와 돌연변이 연구가 필요하다.
- 황체형성호르몬 유전자와 수용체 관련 돌연변이를 포함한 포괄적 접근이 필요하다.

6) 여포 자극 호르몬

'여포 자극 호르몬'은 '소포 성숙 호르몬'으로 명칭이 변경되었다.

소포성숙호르몬(FSH)은 뇌하수체에서 합성, 분비되는 호르몬이다.

여성에서 소포성숙호르몬은 생리주기의 난포기 중 난소 내 여포를 자극하고 성장을 촉진시키는 역할을 한다.

남성의 경우 고환의 정자 생산을 자극한다.

원발성 난소 부전, 폐경, 원발성 고환 부전 시에 소포성숙호르몬의 수치가 증가한다.

사춘기가 늦어지는 경우 소포성숙호르몬의 수치가 감소하며, 뇌하수체나 시상하부의 질환, 난소나 고환의 질환이 의심될 때 불임, 폐경, 소아의 성장 지연이나 조기 성 성숙의 증상이 보일 때 검사하게 된다.

불임의 원인을 찾는 기본 검사로 소포성숙호르몬과 황체호르몬을 비롯한 여러가지 호르몬 검사를 실시하여 불임의 원인을 파악한다.

여성의 경우 소포성숙호르몬 수치가 생리주기에 따라 변하기 때문에 여러 번의 소포성숙호르몬 검사로 변화 양상을 파악할 수 있다.

7) 성선(생식샘) 자극 호르몬

생식샘 자극 호르몬 또는 성선 자극 호르몬은 척추 동물의 뇌하수체 전엽의 생식샘 자극 세포에서 분비되는 당단백질 호르몬이다.

이 호르몬은 정삭적인 성장, 성 발달 및 생식 기능을 조절하는 복잡한 내분비 계의 핵심이다.

황체 형성 호르몬(LH)와 FSH는 뇌하수체 전엽에서 분비되는 반면, 말 융모성 성선 자극 호르몬(eCG), 인간 융모성 성선 자극 호르몬(hCG)는 임신한 사람과 암말의 태반에서 각각 분비된다.

성선(생식샘)자극 호르몬은 생식선에 작용하여 배우자로서의 성 역할 및 성 호르몬 생산을 조절한다.

시상하부 뇌하수체 생식선 축에서 시상하부의 생식샘자극호르몬 분비호르몬(GnRH)이라는 방출 호르몬(RH)의 방출은 뇌하수체 전엽에서 생식샘 자극 호르몬의 혈중 분비를 유도하며 이는 또다시 생식샘에서의 성호르몬 분비를 유도한다.

① 뇌하수체 중엽 호르몬

뇌하수체중엽에서 분비되는 체색변화(體色變化)에 관여하는 호르몬

중엽호르몬은 어류나, 양서류, 어떤 종류의 파충류의 흑색소세포에 작용하여 그 속에 들어있는 흑색소(멜라닌과립)을 확산시켜 피부를 검게 하는 작용을 한다. 중엽은 사람의 경우 성인이 되면 퇴화하므로 그 기능이 분명치 않다.

따라서 중엽호르몬을 색소세포자극호르몬(MSH)이라고 한다.

② 뇌하수체 후엽 호르몬

뇌하수체는 뇌의 한가운데에 존재하는 작은 크기의 샘으로, 인체의 성장과 대사에 필요한 중요한 호르몬들을 분비하는데 이를 뇌하수체호르몬이라 한다.

뇌하수체의 호르몬들은 뇌하수체의 바로 위에 위치한 시상하부의 상호작용에 의해 조절되는데 다양한 원인에 의해 뇌하수체와 시상하부가 손상을 받는 경우 뇌하수체에서 분비되는 호르몬의 분비에 문제가 발생한다.

후엽: 호르몬을 직접 합성하지 않고 시상하부의 뉴런에서 만들어진 신경호르몬을 저장하였다가 필요 시 분비한다. 후엽의 호르몬으로 옥시토신(Oxytocin), 항이뇨호르몬(바소프레신) (ADH)이 있다.

옥시토신은 출산 시 자궁 수축을 자극하고 유선으로부터 젖이 분비되도록 한다.

항이뇨호르몬은 신장에서 물이 재흡수 되도록 자극한다.

빈센트 뒤비뇨는 미국의 생화학자로 옥시토신과 바소프레신의 구조를 밝히고 합성한 공로로 1955년 노벨화학상을 수상하였다.

옥시토신의 구조는 꽤 흥미롭다. 아미노산 9개가 숫자 '9'와 같은 모양을 하고 있다. 아미노산 서열로는 시스테인-타이로신-아이소류신-글루타민-아스파라긴-시스테인-프롤린-류신-글리신으로, 두 시스테인 사이에 이황화결합이 이뤄지면서 고리가 형성된다.

⑦ 갑상선 호르몬

갑상선은 체내의 호르몬 생성과 분비에 관여하는 내분비선의 일종이다.

목의 가운데 물렁뼈 아래로 기도 주위에 양쪽으로 나비 모양처럼 붙어 있다.

갑상선에선 갑상선 호르몬을 분비하여 체내 물질대사, 체온유지, 성장 및 발육 등에 관여한다.

갑상선 호르몬에는 두 종류가 있고, 두 가지 방식으로 대사율에 영향을 미친다.

T4(티록신), T3(트라이아이오도티로닌) 이 두 종류이고 이는 신체 내 거의 모든 조직이 단백질을 생성하도록 자극함으로써 대사율에 영향을 미치거나, 세포가 사용하는 산소의 양을 증가시킴으로써 대사율을 증가시킨다.

또한, 갑상선의 c 세포에서는 칼시토닌이 분비된다.

이는 체내의 혈중 칼슘 수치 조절을 하는 호르몬으로써 경미하게만 뼈 파괴를 늦춰 혈중 칼슘 수치를 낮추는 역할을 한다.

티록신, 트라이아이오도티로닌, 칼시토닌의 구조식은 아래와 같다.

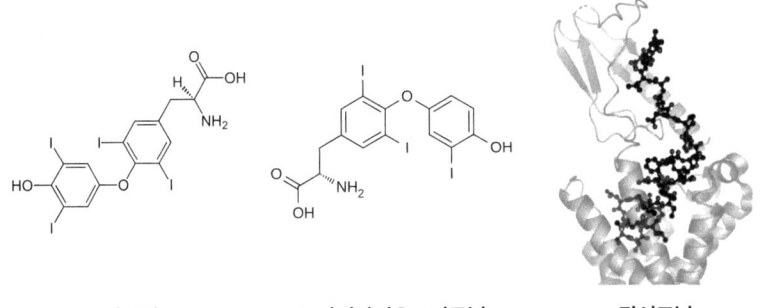

티록신 트라이아이오도티로닌 칼시토닌

1) 갑상선 기능 저하증

갑상선 기능 저하증은 갑상선 자체에 문제가 생겨서 나타나는 원발성기능저하증과, 뇌에 문제가 생겨서 발생하는 중추성기능저하증으로 나눌 수 있다. 갑상선 기능 저하증은 쉽게 말해 신체에서 필요로 하는 충분한 티록신을 만들지 못하는 상태를 말한다.

가장 흔한 것으로는 하시모토갑상선염이 있다.

갑상선기능저하증은 크게 원발성(또는 일차성)갑상선기능저하증과 중추성(또는 이차성)갑상선기능저하증의 두 가지 유형으로 나눌 수 있다. 원발성 갑상선 기능 저하란 갑상선 자체에 문제가 생겨서 갑상선 호르몬의 생산이 감소하여 나타나는 질환이고 하시모토갑상선염이 가장 큰 원인이다. 중추성 갑상선 기능 저하증은 뇌에 문제가 생겨서 갑상선 호르몬의 생산이 감소되는 것이 저혈당증의 원인이다.

증상으로는 피곤, 행동 둔화, 심박동 저하, 대사율 감소, 기억과 식욕 감퇴, 몸이 전반적으로 붓기 때문에 체중 증가가 되는 등의 원인이 있다.

2) 크레틴병

크레틴병은 선천성 갑상선 기능 저하증이라고도 한다.

갑상선에서 분비되는 호르몬은 태아의 두뇌와 신체발달에 영향을 미치는데 대부분은 태아기부터 갑상선 생성에 문제가 있으며 가끔 산모에게 요오드가 부족하면 갑상선 호르몬이 제대로 만들어지지 않아 갑상선 기능이 저하되기도 한다.

크레틴병에 걸린 신생아는 너무 많이 자고 활동적이지 않다는 특징이 있다.

조기에 발견하고, 치료하지 않으면 지적 장애, 시력과 청력에 이상 등 뇌와 신체 성장에 문제를 일으키게 된다. 때문에 신생아 선별 검사를 통해 크레틴병을 감별하여 갑상선 호르몬 복용을 통해 갑상선 호르몬이 정상 수치로 회복됐는지 주기적으로 혈액 검사를 통해 생후 4주 이내에 치료를 시작한다면 갑상선 호르몬 결핍을 교정하고 증상을 완화시켜서 정상적으로 성장할 수도 있다. 하지만 치료가 지연될수록 영구적인 장애가 발생할 수 있기 때문에 조기에 발견하고 치료하는 것이 중요하다.

크레틴병 환자들은 육체와 정신적 성장이 매우 느리거나 낮으며, 배가 불룩하게 나오고, 키가 작고 체중이 적게 나가는 난쟁이인 것이 특징이다.

3) 단순 갑상선종

단순갑상선종은 갑상선의 기능은 정상이며 목 앞 부분의 갑상선만 조금 커진 경우를 말한다.

갑상선종과는 차이가 있는데 갑상선종은 종양이 있으나 단순갑상선종은 종양이 없다.

원인은 다양하지만 세계적으로 아이오딘 결핍이 가장 흔한 원인이기 때문에 보통 음식물에 아이오딘이 결핍되어있을 때 발생하게 된다.

단순 갑상성종은 갑상선 기능이 정상적으로 유지 되고 있으며 증상이 없거나 경미한 정도이기 때문에 다른 질병에 비해 상대적으로 쉽게 다룰 수 있다.

치료 방법은 음식에 아이오딘 화합물을 넣어 먹음으로써 예방 및 치료가 가능하며 보통 사춘기의 소녀에서 관찰되며 어른이 되면서 저절로 사라지기도 한다.

4) 하시모토병

하시모토병은 항체가 우리 몸의 갑상선 조직을 파괴하여 발생하게 되는 자가면역질환이다.

중년 여성에게 흔하게 나타나며 증상으로는 피곤, 무기력, 우울, 체중 증가, 추위를 잘 느끼게 되는 성향 등이 있으나 서서히 진행되기 때문에 증상을 느끼기 어렵다. 또한 혈액 내 콜레스테롤 수치를 높여 심장혈관질환의 발생 위험이 높아지기 때문에 조산이나 태아 성장에 영향을 미칠 수 있다.

혈액검사나 초음파 검사, CT 촬영으로 갑상선 호르몬 수치 확인이 가능하며 갑상선 호르몬을 보충해 관리해 줌으로써 정상 상태로 돌아갈 수 있다. 후에도 꾸준히 갑상선 호르몬 수치가 정상인지 확인해야 하며 약을 꾸준히 복용하지 않는다면 다시 증상이 나타날 수 있기 때문에 사후관리가 중요하다.

5) 갑상선 기능 항진증

갑상선은 갑상선호르몬을 배출함으로써 우리 몸의 기능을 조절하는 작용을 하는데 갑상선기능항진증은 이 갑상선호르몬이 비정상적으로 많이 분비되면서 몸의 에너지가 빨리 소모되고 많은 기능이 활성화되는 질병을 말한다.

갑상선기능항진증의 가장 흔한 원인은 면역력이 자신의 몸을 외부 바이러스로 착각하고 공격하고 파괴하는 자가면역 질환에 의한 것이다.

증상으로는 빠르고 불규칙한 심박동, 체온 증가뿐만 아니라 설사나 변비 같은 소화기 증상, 탈모, 적은 확률로 남성에게서 여성형 유방이 생기는 등 여러 가지 증상이 나타나며 육안으로는 안구돌출과 목에 있는 갑상선 부위가 커지는 증상이 있다.

혈액 검사와 갑상선 초음파, 갑상선 스캔 등의 방법으로 진단이 가능하다.

치료 방법으로는 우리나라에서 가장 많이 사용되고 있는 항갑상선 약 복용, 간단하고 저렴하지만 갑상선기능저하증이 나타날 수 있어 임산부에게는 사용할 수 없는 방사성 치료, 그리고 갑상선종이 매우 클 때 사용하는 수술 요법의 세 가지가 있다.

8. 부갑상선 호르몬

부갑상선이 분비하는 부갑상선 호르몬은 84개의 아미노산으로 구성된 폴리펩타이드이다.

부갑상선 호르몬은 갑상샘 외측엽 후면에 위치한 내분비샘으로 좌우 두 쌍씩 총 네 개로 구성되어 있다.

부갑상선 호르몬은 비타민 D와 칼시토닌과 함께 우리 몸에서 칼슘과 인의 대사를 조절하는 역할을 한다. 혈액의 칼슘 농도가 높으면 호르몬의 분비가 줄어들고, 반대로 혈액의 칼슘 농도가 낮아지면 호르몬 분비가 증가한다.

주로 뼈, 신장, 장에서 작용하고 비타민D와 상호작용한다. 주요 작용으로는 골 흡수 증가, 신장 요세관에서 칼슘 재흡수 증가 및 무기인 배설 증가, 혈액 칼슘 증가 등이 있다.

과다하게 부갑상샘 호르몬이 분비되면 뼈의 칼슘 농도가 낮아져 골다공증과 다른 조직이 석회화될 수 있다

부갑상선 호르몬

호르몬	구조	표적 조직	주요 작용
부갑상선 호르몬	폴리펩타이드	뼈, 신장	골 흡수 증가, 신장 요세관에서의 칼슘 재흡수 증가 및 무기인 배설 증가, 혈액 칼슘 증가

9. 부신 호르몬

부신(adrenal gland)은 양측 신장 위에 삼각형 모양으로 자리 잡고 있는 호르몬 생성 기관이다. 바깥의 피질(겉질 cortex)과 중심부의 수질(속질 medulla)로 나누어진다. 바깥쪽의 피질에서는 부신피질호르몬을 분비하고 안쪽의 수질에서는 혈관을 수축시키고 혈압을 상승시키는 아드레날린을 분비한다. 부신의 무게는 각각 3~6 g 정도이며 크기는 3~5 cm 정도이다.

1) 부신 피질 호르몬

당질 코르티코이드(glucocorticcoid): 주로 탄수화물, 지질, 단백질의 대사에 영향을 미치는데 코르티코스테론(corticosterone), 코르티손(cortisone), 코르티솔(cortisol)이 이것에 속한다.

무기질 코르티코이드(mineral corrticoid): 주로 전해질의 수송과 조직의 수분 분포에 영향을 미친다. 알도스테론(aldosterone)이 이것에 속한다.

안드로겐(androgen) 또는 에스트로겐(estrogen): 주로 2차 성장에 영향을 미친다. 주요 안드로겐은 디하이드로에피안드로스테론(dehydropiandrosterone)이다.

• 코르티솔

코르티솔(cortisol)은 콩팥의 부신 피질에서 분비되는 스트레스 호르몬이다. 스트레스에 대해 코르티솔이 몸에서 분비되는 과정은 다음과 같다.

(순환 혈액에 코르티솔이 증가하면 뇌하수체(1)와 시상하부(2)에 작용하여 ACTH와 CRH의 분비를 억제한다. 또한 뇌의 스트레스 중추(3)에 적용하여 신경전달물질의 분비를 억제한다. ACTH의 증가(4)도 CRH의 분비를 억제한다.)

코르티솔의 과도한 생성은 쿠싱증후군을 일으키고 부신 피질 호르몬이 부족하여 그들의 기능이 상실하게 되면 애디슨병을 일으킨다. 또한 ACTH 가 부족하여도 부신 피질 호르몬이 결핍된다.

• 알도스테론

부신피질에서 분비되는 무기질코르티코이드(mineralocorticoid)는 주로 토리층에서 합성되며, 콩팥세관, 땀샘, 침샘, 소화관에서의 재흡수를 촉진시킨다. 동시에 배설이 증가 되어 분비량은 산성화된다.

2) 부신 수질 호르몬
1. 에피네프린(epinephrine) 또는 아드레날린(adrenaline)
2. 노르에피네프린(norepinephrine) 또는 노르아드레날린(noradrenaline)
3. 도파민(dopamine)

부신 수질 호르몬

호르몬	구조	표적 조직	주요 작용
에피네프린	티로신 유도체	교감 신경 수용체, 간, 근육 및 지방 세포	교감 신경 자극, 글리코젠 분해 촉진(간, 근육), 지방 분해 촉진 (지방 세포)
노르에피네프린	티로신 유도체	교감 신경 수용체	신경전달물질, 세동맥 수축

• 에피네프린의 효과

위, 장, 세기관지 및 방광의 민무늬 근육을 이완시킨다.
작은 수술 시 국소 마취에 간혹 사용되기도 한다.
불안이나 공포 혹은 다른 스트레스를 받는 동안 상승한다.

노르에프네프린은 심장에 영향을 미치지 않고 세기관지를 이완시키지 않는다. 또한 교감 신경계에서 발견되며 신경전달물질로서 작용한다.

10. 췌장 호르몬

췌장(이자)은 내분비선과 외분비선을 함께 갖고 있다.

내분비선 조직은 랑게르한스섬(Langerhan's islet)이라고 하며 알파세포에서는 혈당을 높이는 글루카곤을 분비하고 베타세포에서는 혈당을 낮추는 인슐린을 혈중으로 분비하여 우리 몸의 혈당을 조절한다..

췌장에서는 소화효소와 네 가지 호르몬, 즉 인슐린(insulin), 글루카곤(glucagon), 스마토스타틴(somatostatin) 및 췌장 폴리펩타이드(pancreatic polypeptide)를 분비한다.

호르몬	구조	표적 조직	주요 작용
인슐린	단백질	모든 조직	혈장 포도당 감소 글리코젠 합성 증가(간, 근육) 지질 합성 증가(지방 조직) 당신생 억제(간, 근육)
글루카곤	폴리펩타이드	간	글리코젠 분해 증가 당신생 증가
스마토스타틴	펩타이드	췌장 α 및 β 세포	인슐린 및 글루카곤 방출 억제
췌장 폴리펩타이드	36개의 아미노산	소화기계	음식물 흡수 지연 췌장의 소화효소 분비 조절 담즙 분비 감소

1) 인슐린

인슐린은 췌장의 랑게스한스섬 베타 세포에서 프리프로인슐린(preproinsulin)과 프로인슐린을 거쳐 생성되며 51개의 아미노산으로 구성된 단백질(분자량 약 6,000 달톤)호르몬이다.

혈당이 상승하면 췌장의 랑게르한스섬 베타세포가 자극을 받아 불활성 전구체인 프리프로인슐린(perproinsulin)을 생성한다. 이는 프로인슐린(proinsulin)으로 전환된 후, C-펩타이드가 분리되면서 활성화된 인슐린이 된다. 인슐린은 표적 세포(간, 근육, 지방, 뇌)와 결합하여 포도당이 세포로 흡수되도록 도와 혈당을 낮춥니다. 또한, 인슐린은 글리코겐 합성, 해당 작용, 지방 합성을 촉진하고, 글리코겐 분해와 당신생합성을 억제하여 에너지 저장과 사용을 조절한다.

이는 인슐린의 주요 작용으로, 동화작용 호르몬으로서 간, 근육, 지방에서 혈당과 대사를 효율적으로 조절한다.

글루카곤은 주로 랑게르한스섬의 알파 세포에서 분비되는 폴리펩타이드 호르몬으로, 혈당이 낮을 때 분비되어 혈당을 상승시키는 역할을 한다. 글루카곤은 간에 저장된 글리코겐의 분해를 촉진시키고, 이로 인해 혈당이 올라간다. 또한, 글루카곤은 지방의 분해와 케톤체 생산을 촉진시켜 에너지 공급을 보조하며, 글루카곤의 분비는 특히 혈당 수치가 떨어졌을 때 활성화된다.

또한, 글루카곤은 제2형 당뇨병 환자에서 심혈관 질환의 위험도와 관련이 있음을 보여주는 연구 결과가 있다. 이는 글루카곤이 인슐린과 함께 혈당 조절에 중요한 역할을 하지만, 글루카곤의 수치가 비정상적으로 높거나 낮으면 당뇨병과 관련된 합병증을 악화시킬 수 있다는 점을 시사한다.

2) 소마토스타틴

소마토스타틴은 랑게르한스섬 델타 세포와 시상하부에서 생성되는 펩타이드 호르몬으로, 14개의 아미노산으로 구성된 펩타이드 호르몬이다.

또한, 인슐린과 글루카곤의 과다 분비를 억제하며, 위산 분비를 감소시키고, 소화기관의 운동을 억제하여 소화 과정을 조절하는 역할도 한다. 더

불어 성장호르몬 분비를 억제해 대사 균형을 유지하는 데 기여한다.

11. 여성호르몬

여성호르몬은 여포호르몬, 에스트로겐(estrogen)과 황체호르몬, 프로게스테론(progesteron)으로 나뉜다. 그중 여포호르몬은 난소에서 분비된다.

난소는 호르몬을 직접 생산하지는 못하며, 뇌하수체 전엽에서 분비되는 여포자극호르몬과 황체형성호르몬이라는 이름의 호르몬에 따라 에스트로겐과 프로게스테론을 생산한다.

이 두 호르몬은 월경이나 배란 등 여성의 생리적 현상과 밀접한 관련이 있다. 난소는 여포 자극호르몬(FSH)의 명령에 따라 난포를 성숙시키고 여포호르몬을 분비한다. 황체 형성호르몬(LH)의 명령에 따라 황체를 형성하고 황체호르몬을 생산한다.

에스트로겐은 여성의 일생 속에서 생리, 임신, 그리고 폐경까지 조절하는 여성 호르몬이다. 인체에서 에스트로겐 농도가 미치는 영향은 뇌에서 간장, 뼈에 이르기까지 광범위한 조직과 기관에이며, 특히 자궁, 비뇨기, 유방, 피부, 그리고 혈관들의 정상상태와 유연성을 유지하는데 에스트로겐이 필요하다.

프로게스테론은 수정된 난자를 자궁에 착상시키고 보호하는 등 임신 유지에 아주 중요한 역할을 한다.

▶ 에스트로겐

1) 에스트로겐의 종류

- 폐경기 여성에게 나타나는 에스트론(estron, E1)

에스트론은 난소, 부신, 지방 등에서 만들어지기에 폐경 후에도 계속해서 분비되는 에스트로겐이다. 에스트라디올의 효과를 증폭시켜주는 역할을 하며 에스트로겐의 저장소로도 작용한다.

- 가임기 여성에게 가장 많이 존재하는 에스트라디올(estradiol, E2)

에스트라디올은 에스트로겐 중에서 가장 강력하고 중요한 일을 하는 호르몬으로 난소에 의해 폐경기 이전에 생성된다. 또한 인체에 있는 에스트로겐 수용체와 결합하여 활발한 작용을 한다. 이후 폐경이 되고 난 후에는 난소의 난포가 고갈되어 더 이상 생성되지 않는다.

- 임신기간 동안 분비되는 에스트리올(estriol, E3)

전체 에스트로겐 중 60~80%를 차지한다. 임신 중에는 많이 생산되지만 임신하지 않은 여성의 인체에서는 감지되지 않을 정도의 소량만 분비된다.

에스트라디올과 에스트론은 주로 난소에서 합성, 분비되며 지방 조직과 부신에서도 분비된다. 반면 에스트리올은 임신한 여성의 태반에서 만들어진다. 남성은 부신과 정소에서 에스트로겐이 분비되며, 양이 여자에 비해 매우 적고, 주로 정자의 수와 형성에 도움을 주는 것으로 알려져 있다.

2) 에스트로겐의 합성

시상하부에서 분비되는 생식샘자극호르몬방출호르몬(GnRH)은 뇌하수체전엽에서 황체형성호르몬(LH)과 난포자극호르몬(FSH)의 분비를 촉진한다. 황체형성호르몬은 난포막 세포에서 콜레스테롤을 이용하여 안드로겐(androgen)의 합성/ 분비를 촉진한다. 이후 난포자극호르몬은 난포의 형성과 발달을 유도하게 되며, 이때 난포 구성 세포 중 하나인 과립막세포에서 안드로겐이 에스트로겐으로 변형 및 분비된다.

3) 에스트로겐의 기능

여성호르몬은 성숙 난포에서 생성되어 여성의 2차 성장 발현을 촉진시킨다. 그리고 여성호르몬의 작용으로 인해 자궁벽이 허물어지고 두꺼워지는 과정이 주기적으로 발생하는데 이를 월경이라고 한다.

2차 성징에는 여성의 난관, 자궁, 질, 외부생식기 등의 크기가 증가하고 유방이 발달한다. 또한 골반이 넓어지거나 가슴과 엉덩이 쪽에 피하지방이 축적되는 등의 현상들이 발생한다.

에스트로겐은 여성의 임신을 유지하고 유방을 자극하여 유즙을 생성하며, 프로게스테론은 임신기간 동안 자궁 근육을 두껍게 유지시켜 배아의 착상이 유지되도록 한다. 또한 에스트로겐은 난소에서만 생성되는 반면에 프로게스테론은 난소 뿐만 아니라 부신피질이나 임신을 할 경우 태반에서도 만들어진다. 난소는 뇌하수체 전엽의 자극 호르몬에 의해서 자극을 받아 여성호르몬을 분비하고, 생성된 에스트로겐은 여성의 성욕에도 영향을 준다.

▶ 프로게스테론

프로게스테론(progesterone)은 스테로이드 호르몬 중 하나로 여성의 월경주기와 임신, 태아 발달에 중요한 역할을 한다. 프로게스테론은 성별과 상관없이 생합성된다. 프로게스테론은 임신을 하지 않은 여성의 황체에서 합성 및 분비되며 임신 중에는 부신 및 태반에서도 만들어진다. 남성에게는 여성의 난소에 들어가는 정자의 활동성에 영향을 주고 성적 반응이나 행동에도 기여하는 것으로 알려져 있다.

1) 프로게스테론의 합성

시상하부에서 분비되는 생식샘자극호르몬방출호르몬(GnRH)에 의해 뇌하수체 전엽에서 황체형성호르몬(LH)이 분비된다. 난포자극호르몬에 의해 난포가 형성되면 에스트로겐과 함께 일부 프로게스테론이 합성, 분비된다. 이후 배란이 일어나고 난포막 세포로부터 황체가 만들어지면 그곳에서 대량의 프로게스테론이 분비된다. 프로게스테론이 제 역할을 수행하기 위해서는 프로게스테론의 수용체(receptor)가 필요한데 이는 에스트로겐에 의해 증가한다.

2) 프로게스테론의 기능

가임기 여성의 생리주기를 조절하며 수정란의 착상부터 분만까지 임신을 유지하는 데 매우 중요한 호르몬이다. 수정란이 착상될 수 있게 자궁내막을 준비하며, 이를 임신 기간동안 유지한다. 또한 자궁 내막 또는 자궁속막의 상태를 조절하거나 난자 세포의 추가 방출을 방지하는 등의 역할을 한다.

▶ 태반 호르몬

태반 호르몬은 임신 중 태반 중 융모막이라는 조직에서 생성되어 분비되는 호르몬이다.

융모성 생식샘 자극 호르몬(HCG, human chorionic gonadotropin), 융모성 젖샘 자극 호르몬(HCS, human chorionic somatomammotropin) 등의 단백질 호르몬과 에스트로젠(estrogen), 프로게스테론(progesterone) 등의 스테로이드 호르몬이 태반 호르몬에 포함된다.

1) 종류와 기능

태반은 임신 기간 중에 태아에게 영양분과 산소를 공급하고 태아가 생성한 노폐물을 처리하는 등의 역할을 하는 자궁 내 기관이다. 이후 태아가 성장함에 따라 태반 호르몬 분비는 점점 증가하다가, 출산 이후에는 분비량이 줄게 된다. 태반은 태아의 융모막과 산모의 자궁 내막에서 유래하는 태아성 모체 기관이며 다양한 종류의 태반 호르몬을 분비하는데, 호르몬의 화학적 성상에 따라 단백질 호르몬과 스테로이드 호르몬으로 구분된다.

▶ 융모성 생식샘 자극 호르몬(CG)

임신한 여성의 태반에서 만들어지는 당단백질성 호르몬이며, 임신을 유지하는 데에 필요한 에스트로겐과 프로게스테론의 분비를 자극하는 역할을 한다.

이 호르몬은 태아의 영양막 세포에서 생성되며, 착상 후 산모의 체내에서 생성되는 첫 번째 호르몬이다. 이는 임신을 확인하는 신호로 해석되므로, 임신 진단 분야에서 널리 활용되고 있다.

− 태반 락토겐 (placental lactogen)

= human chorionic somatomammotrom(HCS)

뇌하수체의 프로락틴(prolactin)이나 성장 호르몬(GH)과 분자 구조가 유사한 호르몬이며, 태아와 산모의 신진 대사를 조절하거나 황체를 자극하여 분만 전 유선의 성숙에 관여한다. 이 외에도 유즙분비작용과 당 및 지질대사에도 관여하고 있다.

− 릴렉신 (relaxin)

릴렉신은 임신 유지 및 출산 촉진을 위해 프로게스테론과의 시너지 효과를 일으키는 호르몬이다. 주로 태반에서 생성되며 임신 말기에 골반 인대의 이완을 유발하여 분만을 도와준다.

▶ 사람 융모 성선 호르몬 = 코리오고나토트로핀(choriogonatotropin)

임신동물의 태반융모에서 생산, 분비되는 성샘자극호르몬이다.

화학적으로는 α, β의 소단위구조를 갖춘 당단백질이지만 황체형성호르몬(LH)처럼 플로린 함량이 많다. 사람의 융모성성샘자극호르몬은 hCG 또는 HCG(human chorionic gonadotropin)로 나누는데 분자량이 약 37,000, 당함량이 약 30%, 등전점이 4.2~4.5이다. α소단위는 92개의 아미노산배열을 하고, β소단위는 145개로서 LH 아미노산보다 C말단부분이 35개 더 많다.

12. 남성 호르몬(Male hormone)

남성호르몬은 남성 생식기관을 발달시키고 2차 성징을 발현시키며 유지시키는 작용을 한다. 남성에게 있어 테스토스테론(testosteron)은 고환의 정세관에서 만들어지며, 여성에서 분비되는 테스토스테론은 난소와 부신에서 생성 된다. 테스토스테론은 고환의 라이디히세포에서 생산되어 혈류로 분비되면서 전신을 돌며 신체의 여러 부위에서 작용하는 스테로이드 계열의 호르몬이다.

테스토스테론은 남성적 특징을 나타내기 때문에 남성 호르몬이라고 불린다. 사춘기가 되면 여포자극호르몬(FSH)이 정자를 생산하도록, 황체형성호르몬(LH)이나 간질세포자극호르몬(ICSH)이 테스토스테론을 생산하도록 자극한다. 테스토스테론은 일생동안 생산되며, 테스토스테론이 많이 분비되기 시작하면 목소리가 굵어지고 체모가 증가하며 근육량과 골격량이 증가하는 등 남성의 2차 성징이 나타나게 된다.

뇌의 성 중추에 작용하여 성적 생각과 행동을 조절하고, 음경, 고환, 전립선, 정낭 등 성기능의 전 과정에 관여한다. 또 성적 욕구와 뇌의 반응에 관여하여 발기할 수 있게 하며, 여성에게서도 테스토스테론은 성욕에 관여하게 된다.

남성호르몬 수치가 정상인 경우 남성호르몬 주사를 맞게 되면 많은 부작용이 나타날 수 있는데, 고환이 위축되며, 심혈관계질환의 발생 위험을 올라가고, 전립선암이 발생할 수 있다. 그리고 외부적인 테스토스테론의 주입으로 몸 안에서 자연적인 호르몬 생성 능력이 약화되어 정자와 정액량이 감소하며, 전립선이 커지게 된다.

13. 위장관계 호르몬

위장관계 호르몬에는 여러 가지가 있다. 호르몬마다 하는 역할이 다 다른데 모두 폴리펩타이드 구조를 띄고 있는 것이 공통적인 특징이다.

호르몬	분비되는 곳	기능
가스트린	위	위산 분비 촉진
세크레틴	십이지장	중탄산이온이 많은 용액을 분비
콜레시토키닌	쓸개 및 이자	쓸개집과 소화효소들을 분비
VIP	장, 췌장, 뇌	신경조절물질과 신경전달물질이 작용, 혈관 이완

14. 신장 호르몬

신장 호르몬으로는 적혈구 형성 인자가 있다. 적혈구는 골수에서 생성되고 비장에서 파괴되는데, 미성숙할 때에는 존재했던 세포핵이 발달이 끝나면 소실된다. 그래서 다른 혈구세포와는 다르게 세포핵이 없고 소기관이 거의 없는 세포이다. 혈액 내 적혈구가 감소하거나 낮으면 혈액이 운반하는 능력이 저하되어 빈혈이 발생한다.

15. 심장 호르몬

심장의 심방은 체액변동의 감지기관이며 또한 체액변동조절에 관련된 신호생성 기관이다. 변동감지에 의하여 생성된 신호 심방이뇨호르몬(ANP)은 신장의 수분/전해질 조절과 혈관내경 변화를 통하여 체액변동을 원상으로 회귀시키는 체액조절호르몬이다. 심방호르몬 분비는 심장의 기계적인 일에 의하여 조절된다. 심장세포는 이 호르몬 합성뿐만 아니라 그 수용체도 발현되어 있다.

16. 송과선(솔방울샘) 호르몬

송과선 호르몬으로는 멜라토닌이 있다. 멜라토닌의 분비에는 광자극이 억제적으로 작용한다. 멜라토닌이라는 호르몬을 분비하며 인간의 수면시간과, 생식시기 등에 영향을 준다 라고 규명했다. 송과선은 외부적인 환경, 즉 계절의 변화에 반응하여 수면시간 뿐 아니라 동물들의(특히 척추동물) 번식시기를 알아차리게 하고 사춘기 이후 뼈의 성장을 촉진하는 데에도 중요한 역할을 한다. 그리고 어린아이에게서 멜라토닌이 많이 생긴다.

17. 신경전달물질

1) 시냅스

하나의 신경세포에서 다른 신경세포로 전지적, 화학적 신호를 전달해주는 구조물의 단위이다. 시냅스를 중심으로 앞-시냅스 전세포, 뒤-시냅스 후세포라 한다.

2) 시냅스에서의 흥분성 전달과정

1. 축삭종말에 활동전압을 전도한다
2. 막전압-작동성 통로를 통한 Ca^{2+} 유입한다
3. Ca^{2+} 촉매활동을 한다
4. 세포를 반출한다
5. 신경전달물질을 확산한다
6. 시냅스 후세포막의 수용체와 결합한다
7. 흥분파를 발생한다

3) 전기적 시냅스

시냅스 전세포의 흥분파를 시냅스틈새를 통해 직접 후세포로 전달한다.

4) 화학적 시냅스

전 세포 축삭말단에서 신경전달물질을 시냅스틈새로 분비하고 수용체 결합하여 흥분파를 발생한다.

- 전기적 시냅스의 시냅스 틈새는 화학적 시냅스 간격의 1/10 정도로 작다.
- 전달속도는 전기적 시냅스가 화학적 시냅스보다 크다.

5) 시냅스의 기능

신경정보를 전달한다
불필요한 신경정보 차단 및 변형한다
신경세포에서 들어오는 정보를 통합한다
뇌에서 정보 분석 및 판단한다
환경과 신체 상태에 따라 다르게 반응한다

6) 신경전달물질

1. 흥분파가 → 2. 축삭종말에서 → 3. 신경전달물질을 → 4. 시냅스 틈새를 통해 → 5. 시냅스 후세포의 수용체 결합하여 → 6. 새로운 흥분파를 → 7. 신경세포에 전달한다.

▶ 아미노산

1) 글루탐산: 생성장소-중추 신경계(CNS) ⇒ CNS에서 가장 중요한 흥분성 전달 물질이다

2) 아스파르트산: 생성장소-중추 신경계(CNS) ⇒ 단백질 생합성 이용한다

3) 글리신: 생성장소-척수 ⇒ 척수 운동 뉴런의 흥분 차단한다.

• 아미노산 유도체

1) GABA(γ-aminobutyric acid): 생성장소-중추 신경계 ⇒ 주요 억제성 전달물질, 벤조다이아제핀-흥분 완화하고, 근육을 이완한다

2) 히스타민: 생성장소-시상하부 ⇒ 장관 및 기관지를 수축하고, 위액 분비를 증가한다.

3) 노르에피네프린(노르아드레날린): 생성장소-교감신경, 중추 신경계 ⇒ 심박수를 증가하고, 발한이 나타니며, 피부혈관을 수축하고, 기관지를 확장한다

4) 에피네프린(아드레날린): 생성장소-부신 수질, 일부 중추 신경 ⇒ 심장, 폐-노르에피네프린보다 활성적이며, 간-글리코젠을 분해하고, 포도당을 공급한다 → 위험으로부터 도망 및 방어한다

5) 도파민: 생성장소-중추 신경계 ⇒ 기저핵 주요 신경전달물질으로, 수의적 운동을 조절한다

6) 세로토닌(5-HT, hydroxytryptamine): 생성장소-중추 신경계, 장크롬친화 세포, 장 신경 ⇒ 각성, 수면, 자발운동, 섭식, 성행동, 체온조절, 학습, 기억능력, 혈압조절 등에 영향을 끼친다

▶ 퓨린
1) ATP: 생성장소-감각, 장, 교감 신경 ⇒ 평활근 빠르게 흥분한다
2) 아데노신: 생성장소-중추 신경계, 말초신경 ⇒ 억제성 신경전달물질이다

▶ 기체
1) 산화질소(NO): 생성장소-비뇨생식관, 중추 신경계 ⇒ 혈관 및 장 평활근을 이완하고, 미토콘드리아 에너지 생성을 조절한다

▶ 기타
1) 아세틸콜린: 생성장소-부교감신경, 중추 신경계 ⇒ 부교감 신경계 신경전달물질이고, 심박수를 증가하고, 기관지를 수축하며, 장 평활근을 자극하고, 근육 수축을 유발한다

▶ 신경전달물질과 관련된 질병
1) 파킨슨병
- 퇴행성 뇌 질환
- 원인: 중뇌에 위치한 흑질이라는 뇌의 특정부위에서 이러한 도파민을 분비하는 신경세포가 원인 모르게 서서히 소실되어 가는 질환이다.
- 대표적인 증상으로는 서동증(운동 느림), 안정 시 떨림, 근육 강직, 자세 불안정 등이 있다.

- 주로 노년층에서 발생, 연령이 증가할수록 이 병에 걸릴 위험 높다.
- 발생빈도 : 인구 1,000명 당 1명 내지 2명 정도, 60세 이상의 노령층에서는 약 1%, 65세 이 상에서는 약 2%정도가 파킨슨병을 앓고 있다.

2) 외상 후 스트레스 장애(PTSD)
- 심각한 외상을 겪은 후에 나타나는 불안 장애이다.
- 외상: 직접 경험하거나 목격한 사건이 자신에 큰 충격을 준 것이다.
- 외상의 종류: 전쟁, 자연재해, 교통사고, 화재, 타인이나 자신을 향한 폭력과 범죄 등이 있다.
- 원인: 단순히 외상만이 아님. 외상에 더하여 다른 생물학적, 정신 사회적 요소가 관여한다.
생물학적 요인으로는 신경전달물질인 도파민, 노르에피네프린, 벤조다이아제핀 수용체, 시상하부-뇌하수체-부신 축의 기능 등이 연관이 있다.
- 위험 인자: 어렸을 때 경험한 심리적 상처, 경계선 성격과 같은 성격 장애, 부적절한 가족, 주변의 지지 체계 부족, 여성, 정신과 질환에 취약한 유전적 특성, 스트레스가 되는 생활의 변화, 과도한 음주 등이 있다.
- 증상: 꿈이나 반복되는 생각을 통해 외상을 재경험함, 외상과 연관되는 상황을 피하려고 하거나, 무감각해짐, 자율신경계가 과각성되어 쉽게 놀람. 집중력 저하, 수면 장애, 짜증 증가한다.

3) 중증근무력증
- 근육의 힘이 비정상적으로 약해지거나 피로해지는 병이다.
- 특징: 같은 일을 지속하거나 반복해서 하는 경우에 몸의 힘이 서서히 약해지며, 휴식을 취하면 회복된다
- 원인: 자가면역질환이며 정상적으로 근육이 수축하려면 신경근육접

합부에서 아세틸콜린이라는 물질이 나와서 근육부위의 수용체와 결합해야 하는데, 체내에 아세틸콜린수용체에 대한 항체가 형성되어서 이 수용체들을 파괴하여 생기는 질환, 자가면역반응이 왜 시작되는지에 대해서는 아직 정확하게 알려져 있지 않다

- 증상: 몸의 일부나 전체에 나타나는데, 병의 초기에는 눈꺼풀처짐, 복시 등 눈과 관계된 증상만이 나타나기도 한다 일부는 계속해서 안구형으로 남아있지만, 많은 경우에 몸의 다른 부위에도 근육의 피로 현상이 생기는 전신으로 발전한다 그 외에 음식물을 삼키기 힘들거나, 콧소리 등의 증상이 있다. 중증근무력증 환자들이 제대로 치료를 받지 않거나 감기 등의 다른 병을 심하게 앓게 되면 갑작스럽게 근력 약화가 심해질 수 있고 심한 경우에 호흡 근육까지 약해져서 호흡 마비가 초래될 수도 있다.

13장
핵산

1. 핵산

　세포내에는 핵산이라고 불리우는 거대 분자가 존재하며 거대 분자인 핵산은 DNA(Deoxyribo ucleic Acid)와 RNA(ribonucleic acid)라는 두 종류의 핵산이 존재한다. 핵산은 뉴클레오티드(nucleotide)라고 하는 작은 단위 분자로 구성되어 있고 단백질 분자가 아미노산을 사슬처럼 이어진 것과 같이 핵산도 뉴클레오타이드가 여러개 이어져 있는 형태이다. 이러한 뉴클레오티드는 인산, 당, 염기가 결합되어있는 형태이며 자세한 설계도 역할을 하는 염기는 아데닌(A), 타이민(T), 구아닌(G), 사이토신(C), 유라실(U)로 나뉜다 유의해야 할 부분은 염기중 U는 RNA에게만 존재한다는 것이다.

1) DNA와 RNA

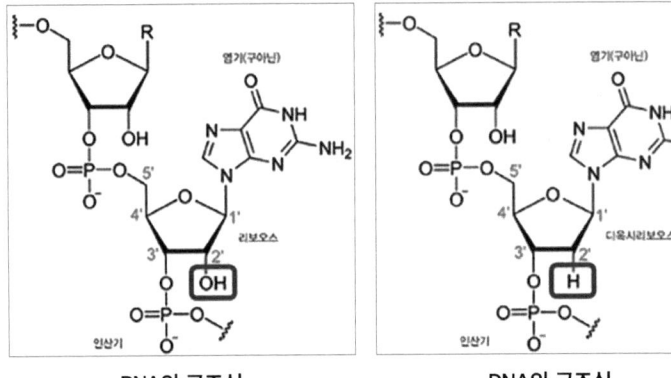

RNA의 구조식   DNA의 구조식

• DNA

프랜시스 크릭(Francis Crick)과 제임스 왓슨(James atson)이 1953년에 DNA(Deoxyribo ucleic Acid)의 이중 나선(Dual Helix) 구조를 밝히면서 핵산의 한 종류인 DNA가 이중 나선의 모양이라는 사실을 알게 되었다. 또한, 그 이후에 혈액형, 피부, 홍채 등의 유전형질이 DNA의 염기서열인 유전자를 통해 후대로 전달된다는 것이 밝혀졌다.

• RNA

RNA(ribonucleic acid)는 대표적으로 mRNA(messenger), tRNA(transfer RNA), rRNA(ribosomal RNA)가 있다. DNA가 유전 전달의 기능을 수행한다면 RNA는 DNA속의 유전자를 통 해하여 단백질을 만드는 기능을 수행을 하며 각각의 세부적인 수행능력이 다르다.

2) 염기

염기의 종류는 퓨린(purine)과 피리미딘(pyrimidine)으로 나뉜다. 이 둘의 분류는 질소 염기의 두 가지 주요 분류라고 할 수 있고 여기서 질소 염기는 탄소원자와 질소 원자로 구성된 하나 또는 두 개의 고리를 포함하는 분자이다. 피리미딘은 6각형의 고리구조 형태이며 퓨린은 5각형의 고리에 융합된 6각형의 고리로 구성이 된다.

- 피리미딘

피라미딘은 질소 2개와 탄소가 4개로 이루어져있는 6각형의 고리형태이다. 피리미딘은 핵산에서 볼 수 있는데 피리미딘 계열의 염기는 사이토신(cytosine)과 타이민(thymine) 우라실(uracil)이다. 그리고 DNA와 RNA서는 타이민(thymine) 처럼 공통으로 가지고 있는 염기가 있고 각각에서만 볼 수 있는 피리미딘계열 염기가 있는데 DNA는 타이민(thymine), RNA에서는 우라실(uracil)을 볼 수 있다. 그 외로 비타민과 항암제, 항바이러스등 도 피리미딘 계열이다.

- 퓨린

퓨린의 형태는 5각형 고리의 형태인 이미다졸(Imidazole)과 6각형 고리의 형태인 피리미딘이 결합되어 있는 형태이다. 퓨린의 형태는 핵산에서도 찾아 볼 수 있는데 아데닌(adenine)과 구아닌(guanine)이 퓨린 유도체이며 핵산의 퓨린 이외에도 오줌에 함유되어 있는 요산(uric acid) 그리고 우리가 자주 마시는 커피속에 들어있는 카페인(caffeine) 그리고 기관지 협착증에 쓰이는 약 성분인 테오필린(theophylline) 또한 퓨린 유도체이다. 퓨린이 우리 몸에서 중요한 카페인과 테오필린같이 인간에게 유용하게 쓰는 물질이외에 퓨린의 형태가 ATP, ADP, AMP의 기본 골격이라 할 수 있기 때문에 퓨린은 우리가 살아가는데 있어 중요한 물질이다.

- 카페인

카페인은 아데노신의 경쟁적 억제제로 작용하며 졸음을 유발하는 아데노신 수용체의 작용을 방해하여 뇌의 각성을 자극하는 물질이다.

- 요산

요산의 경우 인간의 몸에서 단백질을 분해하고 나오는 암모니아를 간에서 요산으로 전환한 것이며 오줌에 포함되어 있다. 이는 인간의 몸에 요산이 몸 밖으로 빠져나가지 못하고 과도하게 축적되어버리면 통풍이 발생하기에 몸에서 노폐물로 배출을 하는 것이다.

- 테오필린

테오필린은 카페인과 함께 차나무의 한 성분으로 좁은 기관지를 확장해서 호흡을 용이하게 하는 치료약제이다. 천식이나 만성폐쇄성폐질환에 치료 약제로 사용되고 울혈성심부전을 치료하기 위해서는 주사로 투여하며 심장을 흥분시키고 심장에서의 심박출량을 증가시킨다.

3) 아데노신 인산

아데노신은 핵산염기인 아데닌에 5탄당의 일종인 리보스가 결합된 핵당을 뜻한다. 여기에 인산이 얼마나 결합되는지에 따라 인산이 한 개 결합된 AMP(adenosine monophosphate) 인산이 두 개인 ADP(adenosine diphosphate) 인산이 세 개인 ATP(adenosine triphosphate)로 나뉜다. 이중 ATP는 거의 모든 생명체의 주된 에너지원이며 ATP를 분해하여 ADP를 만들어 에너지를 발생시키며 반대로 ADP에 인산을 결합하여 ATP를 만들면 에너지가 저장된다.

2. 핵단백질 대사

　핵단백질은 핵산(DNA 또는 RNA)과 단백질이 결합한 복합체이다. 이들은 세포핵 내에서 DNA와 결합하여 크로마틴을 형성하고, 유전자 발현을 조절하는 중요한 역할을 한다. 히스톤과 같은 핵단백질은 DNA를 감아 염색체를 형성하며, 이를 통해 긴 DNA 분자를 작은 세포핵 안에 효율적으로 저장할 수 있게 한다. 또한, 핵단백질은 유전자의 활성화 또는 비활성화에 관여하여 유전자 발현을 조절한다.

　핵단백질 대사의 유형핵단백질 대사는 크게 두 가지 유형으로 나눌 수 있는데, 먼저, 외인성 대사는 주로 음식물을 통해 섭취한 핵단백질의 처리 과정을 말한다. 소화 과정에서 핵단백질은 분해되어 그 구성 요소인 아미노산과 뉴클레오티드로 나뉜다. 이렇게 분해된 산물들은 소장에서 흡수된 후 체내에서 다양한 용도로 사용된다. 두 번째로는 내인성 대사이다. 이는 세포 내에서 일어나는 핵단백질의 합성과 분해 과정을 포함하고 세포는 필요에 따라 새로운 핵단백질을 합성하거나 기존의 핵단백질을 분해한다. 이 과정에는 두 가지 종류의 조직 뉴클레오티다아제가 관여하며, 이들은 핵산을 분해하는 역할을 한다.

- 퓨린과 피리미딘 대사

　퓨린과 피리미딘은 핵산의 구성 요소로, 그 대사 과정은 다음과 같다. 퓨린 대사는 퓨린 염기인 아데닌과 구아닌의 대사 과정을 말한다. 이 과정의 최종 산물은 주로 요산이며, 일부는 히포잔틴과 잔틴으로 배출된다. 퓨린 대사는 주로 간에서 일어나며, 요산의 과다 생성은 통풍과 같은 질병을 유발할 수 있다. 흥미롭게도, 개와 같은 일부 동물에서는 요산이 알란토인으로 더 산화되어 배출된다.

피리미딘 대사는 피리미딘 염기인 시토신, 티민, 우라실의 대사 과정을 말한다. 이 과정은 주로 간에서 일어나지만, 그 중간 대사 과정은 아직 완전히 밝혀지지 않았다. 연구에 따르면, 티민이나 DNA가 풍부한 식단을 섭취한 쥐에서 β-아미노이소부티르산의 배출이 증가하는 것으로 나타났다. 이는 피리미딘 대사와 식이 간의 관계를 보여주는 흥미로운 예시다.

3. 왓슨과 크릭의 DNA 모델

왓슨과 크릭의 DNA 모델은 20세기 생명과학 분야에서 가장 중요한 발견 중 하나로 평가받고 있다. 1953년, 제임스 왓슨과 프랜시스 크릭이 발표한 논문에 실린 모델에 따르면, DNA는 두 개의 긴 폴리뉴클레오티드 사슬이 서로 반대 방향으로 감겨 있는 형태를 취하고 있다. 각 사슬은 당(디옥시리보스)과 인산기로 이루어진 골격을 가지고 있으며, 이 골격에 네 가지 염기(아데닌, 티민, 구아닌, 시토신)가 붙어 있다. 이 모델의 핵심은 염기 쌍 형성 규칙인데, 아데닌(A)은 항상 티민(T)과, 구아닌(G)은 항상 시토신(C)과 수소 결합을 통해 쌍을 이룬다. 이러한 특정한 염기 쌍 형성은 DNA의 안정성을 높이고, 유전 정보의 정확한 복제를 가능하게 한다. 또한, 이 구조는 DNA가 어떻게 유전 정보를 저장하고 복제하는지에 대한 메커니즘을 설명할 수 있게 해주었다. 왓슨과 크릭의 DNA 모델은 단순히 구조를 설명하는 데 그치지 않고, DNA 복제 방식에 대한 통찰도 제공했다. 그들은 DNA 복제 시 두 가닥이 분리되어 각각 새로운 상보적 가닥의 주형으로 작용한다는 반보존적 복제 메커니즘을 제안했고, 이 발견은 현대 분자생물학과 유전학의 기초를 마련했으며, 이후 유전자 발현, 유전자 조작, 유전병 연구 등 다양한 분야의 발전을 이끌었다.

4. DNA코드

DNA 코드는 생명체의 유전 정보를 저장하고 전달하는 암호와도 비슷한 같은 역할을 한다. 이 코드의 기본 구성 요소는 아데닌(A), 시토신(C), 구아닌(G), 티민(T)이라는 네 가지 염기인데, 이들 염기는 특정한 순서로 배열되어 있으며, 이 순서가 바로 유전 정보를 담고 있다. DNA 코드의 핵심 특징은 세 개의 염기가 코돈을 형성한다. 각 코돈은 특정 아미노산을 지정하거나 단백질 합성의 시작과 끝을 알리는 신호로 작용한다. 예를 들면 ATG 코돈은 메티오닌 아미노산을 지정하면서 동시에 단백질 합성의 시작을 알리는 코돈이다. 반면, TAA, TAG, TGA는 단백질 합성의 종료를 나타내는 종결 코돈인데, 이러한 3글자 암호 체계는 20가지의 아미노산을 모두 표현할 수 있다. 또한 동시에 중복성도 가지고 있다. 즉, 하나의 아미노산이 여러 개의 코돈으로 표현될 수 있고 이러한 중복성은 DNA 변이로 인한 단백질 구조 변화의 위험을 줄여주는 역할을 한다.

5. DNA 복제

DNA 복제는 세포 분열 전에 일어나는 중요한 과정이다. 이 과정에서 DNA 이중 나선은 풀어지고, 각 가닥은 새로운 상보적 가닥의 주형으로 사용된다. DNA 중합효소라는 효소가 새로운 뉴클레오티드를 기존 가닥에 상보적으로 추가하면서 새로운 DNA 가닥을 만든다. 이 과정을 통해 하나의 DNA 분자가 두 개의 동일한 DNA 분자로 복제되고, 세포 분열 시 각 딸세포가 동일한 유전 정보를 받을 수 있게 해준다.

6. 정보전달

1) 전사 (DNA → mRNA)

전사가 시작되면 DNA 이중나선 구조가 일부 풀린다.

DNA 풀린 가닥 가운데 한 개는 상보적인 RNA 가닥이 형성되는 주형의 역할을 한다.

상보적인 RNA 가닥을 전령 RNA(mRNA) 라고 하며, mRNA는 DNA에서 분리되어 핵을 떠나 세포질로 이동한 후, mRNA는 단백질 합성이 일어나는 세포의 초소형 구조인 리보솜에 부착된다.

쉽게 말하면, 단일 가닥 DNA를 주형으로 하여 RNA가 합성되는 과정이다.

2) 번역

정보를 다른 의미로 전환하는 것이며, mRNA의 염기서열을 이용해 폴리펩타이드를 합성하는 과정이다.

DNA와 mRNA의 염기서열이 아미노산을 암호화하고 있는 경우에 한하여 뉴클레오타이드 서열이 아미노산 서열로 번역된다. 이 암호를 유전암호(코돈) 이라고 한다.

*코돈 (유전암호)

mRNA 분자에서 발견되는 3개 염기 (트리플렛)로 구성된 암호 단위이다.

64개 코돈들이 존재하며, 64개의 코돈들이 어떤 아미노산에 해당하는지 완전히 밝혀져 있다.

(1) 개시코돈

폴리펩타이드의 번역 개시를 말하는 코돈으로 단백질 합성을 시작하게 한다.

개시코돈으로는 메티오닌의 코돈(AUG)이 있다.

(2) 종결코돈

폴리펩타이드의 종결시점을 알리는 신호 역할을 하며, 종결코돈으로 인해 단백질 합성이 종료된다. 종결코돈으로는 UAA, UAG, UGA이 있다.

대부분의 아미노산들이 한 개 이상의 아미노산을 가지며, 돌연변이로부터 보호된다.

(3) 단백질 합성 조절

유전자가 상호 제어하는 기제는 매우 복잡하다. 유전자에는 전사가 시작되고 종료되는 지점을 표시하는 개시코돈과 종결코돈이 있다. DNA 내부나 주변의 각종 화학물질은 전사를 차단하거나 허용하며, 그뿐만 아니라 안티센스 RNA라고 하는 RNA 가닥은 상보적인 mRNA 가닥과 결합하여 번역을 차단한다.

빛을 통해서도 단백질 합성 조절이 가능하다.

7. 유전병

대부분의 유전병은 유전자 결합으로 일어난다. 이는 유전자단계의 결함이 효소 활성을 상실케 하기 때문이다.

인체에 효소는 수천가지가 있으나 1개의 효소 상실만으로도 큰 부작용이 발생한다.

1) 선천성 효소 결핍의 결과

유전병과 유전성질환 차이 유전병은 '선천적 장애'로 분류된다.

유전으로 인한 선천적 장애는 부모로부터 대물림되지만 출생 시부터 장애를 동반하는 것은 아니다. 선천적 장애는 신생아의 2~4%에서 발생하며 대부분 염색체이상질환이고 단일유전자에 의한 유전병은 약 60000여종이 알려져 있다. 유전성질환은 유전자결합, 유전자돌연변이, 음주, 흡연 등 여러 가지 요인이 복합적으로 작용해 발생하기 때문에 '다인자성유전질환'이라고 불린다. 다인자성유전질환은 기형, 정신질환, 고혈압, 당뇨병, 암 등이 있다.

2) 일반 유전병

- 남성 섬유증

미국에서 가장 흔한 유전병은 남성 섬유증이다. 남성 섬유증은 신생아 2000명당 1명꼴로 발생하며 소아기부터 두터운 점액이 생성되어 세기관지 폐쇄를 유발한다.

- 페닐케톤뇨증

미국의 경우 신생아 20000명당 1명꼴로 발생하며 페닐알라닐 수산화 효소 결핍(페닐알라닌을 티로신으로 전환시킴)이 일어난다.

페닐알라닌 축적시 신경계 손상된다. 6세까지 치료를 받지 않으면 정신지체가 유발되고, 그 이후에도 20세 이전 50%, 30세 이전 70%의 사망률을 보인다.

혈액과 소변으로 쉽게 진단가능하기 때문에 주로 신생아 시기에 발견된다.

특정 유전병은 인종, 종족에 따라 발생빈도가 다르기도 하다.

대표적으로 낫모양적혈구빈혈이 있다.

- 낫모양적혈구빈혈

흑인 10명당 1명이 낫 적혈구 유전자를 가지고 있다.

정상 헤모글로빈 6번째 아미노산배열이 글루탐산이며 GAA/GAG 중앙 코돈 A가 U로 변형시 GUA/GUG, 즉 발린이 된다.

b사슬 146개에서 6번째 아미노산이 다르면 다른 형태의 헤모글로빈 분자가 생성되며 이것이 헤모글로빈 S이며, 낫모양 적혈구 빈혈의 원인이 된다.

낫모양 적혈구는 정상 적혈구보다 잘 부서지고, 도넛모양 정상 적혈구에 비해 운반할 수 있는 산소의 양이 적기 때문에 빈혈이 유발되고 이로 인해 혈전증, 조직 저산소증이 나타날 수 있다.

- 백색증

백색증은 머리카락, 피부, 눈을 검게 해주는 색소인 멜라닌 색소가 유전적 이상으로 인해 선천적으로 결핍되어 피부와 머리카락이 하얗게 되는 병이다. 이 병에 걸리면 화상을 잘 입게 되고 피부암에 쉽게 걸릴 수 있다.

- 크레틴병

크레틴병은 선천성 갑상선 기능 저하증이라고도 하며 갑상선의 형성에 문제가 있거나 갑상선 호르몬 합성의 문제 등 다양한 원인에 의해 갑상선 기능이 저하되는 병을 말한다. 지능저하나 운동장애 같은 증상이 나타날 수 있다.

- 타이로신증

타이로신증은 타이로혈증이라고도 하며 티로신을 분해하는 효소가 결핍되는 유전 질환이다. p-하이드록시페닐피루브산이 체내에 축적되어 간과 비장이 비대되고 눈이 충혈되고 정신지체 같은 증상이 나타날 수 있으며 간기능 상실로 사망할 수 있다.

- 알캅톤뇨증

알캅톤뇨증은 호모겐티신산 산화효소(homogentisate 1,2-dioxygenase)의 결핍으로 혈액에 호모젠티스산이 축적되고 소변으로 배설되는 유전병이다. 피부가 어둡게 변하고 뼈와 관절 질환을 악화 시키고 갈색의 소변이 나온다.

- 갈락토스혈증

갈락토스혈증은 갈락토오스 혈증이라고도 하며 갈락토오스 즉 유당과 유당의 대사물이 축적되어 백내장이나 간기능 상실, 정신 지체를 일으킨다. 결국 출혈이나 패혈증으로 사망에 이르게 하는 유전병이다.

- 윌슨병

윌슨병은 우리 몸에 구리 이온이 제거되지 못하고 축적되어 발생하는 병으로 특히 간과 뇌의 기저핵에 많이 축적되어 발생한다. 주로 간에 장애가 생기는 경우가 많지만 정신과적인 문제를 일으킬 수도 있다. 다양한 형태로 나타나며 간 이상 정신 이상 뼈 이상 혈뇨 같은 증상이 나타날 수 있다.

- 혈우병

혈우병은 혈액 응고에 이상이 생기는 병으로 X염색체 열성 유전자로 인한 유전병이기 때문에 남성만 걸린다. 외상이나 치아 발치등 출혈이 나는 경우에 출혈이 멈추지 않아 위험할 수 있으며 경증의 경우에는 평생 진단 받지 못하고 살아갈 수 있다.

• 뒤시엔느형 근육 퇴행성 위축

뒤시엔느형 근육 퇴행성 위축 즉 뒤시엔느형 근이영양증은 남아에게 발생하는 경우가 많지만 드물게 여아에게도 발생할 수 있다. 신생아기나 태아기부터 근육이 이상을 보이는 증상이 많고 다리를 넓게 벌리고 허리를 흔들면서 걷는 증상을 보인다. 12세 전까지 휠체어를 의존하다가 30세 전에 호흡곤란으로 사망한다.

• 니만 피크병

니만 피크병은 acid sphingomyelinase(ASM) 유전자의 돌연변이에 의해 발병하고 증상이 1살 전에 나타난 환자는 10대 초반에 사망하는 경우가 많고 만 12세 이후에 증상이 나타난 환자는 10대 후반 또는 낮은 확률로 20대까지 생존한다. 간비대 운동 능력 소실 지적 능력 저하 등의 다양한 증상으로 나타날 수 있다.

• 고셔병

고셔병은 글루코세레브로시데이즈(Glucocerebrosidase)라는 효소에 유전적인 이상이 생겨서 발생하는 질환이다. 이 병이 있는 사람은 간과 비장이 점점 비대해지고 어깨와 척추 등의 뼈에도 이상이 생긴다. 3가지 유형으로 구분되며 유형마다 발생되는 시기가 다르다.

• 테이 삭스병

테이삭스병은 주로 유대인에게 발생하며 발생빈도는 남여 차이가 없다. 헥소사미니데이스의 결핍으로 발생한다. 발생하는 시기에 따라 3가지 형태로 구분되고 운동 신경 약화 근력 약화 안과적인 문제 진행성 치매등 다양한 증상이 나타난다.

• 파르버병 (Farber's disease)

파르버병은 화버증후군 이라고도 하며 세라미데이스 효소의 결핍으로 발생한다. 모든 환자에서 관절이 붓고 아프다가 나중에는 구축이 생기고, 관절이나 압력을 받는 부위에 결절이 생긴다. 진행하면 후두 침범에 의해 쉰 목소리, 호흡장애, 연하 장애가 발생한다. 육아종 침윤이 피부, 관절, 후두, 폐, 심장, 뇌 및 척수 등에 생겨 다양한 증상들이 동반되며, 일부 환자에게는 간과 비장 비대가 발견되기도 한다. 발생률은 매우 낮다.

• 크라베병

크라베병은 B-갈라토시데이스의 결핍으로 발생한다. 지능과 신체 발달의 지연, 경련이나 발작, 실명이나 연하 곤란 팔다리의 힘이 없어지는 증상들이 나타날 수 있다.

• 루게릭병

루게릭병으로 알려진 근위축성 측삭경화증은 뇌와 척수의 운동을 조절하는 운동 신경의 변성으로 인해 발생한다. 이러한 변성은 근육의 진행성 소모를 가져온다. 이병에 걸린 사람은 걷기, 말하기, 삼키기 등의 능력을 상실한다.

1939년 미국 메이저 리그 베이스볼의 유명 타자였던 루게릭이 이 병 때문에 은퇴하였고 죽음에 이르면서 루게릭병이라는 별칭으로도 유명해졌다.

8. 재조합 DNA

재조합 DNA란 한 생물의 DNA 절편을 잘라내어 완전히 다른 생물의 DNA속으로 인위적으로 끼워 넣어 새롭게 만들어진 DNA 분자를 가리킨다.

재조합 DNA 기술은 두 가지 다른 종 의 DNA 분자 를 결합하는 것이다. 재조합된 DNA 분자는 숙주 생물에 삽입되어 과학, 의학, 농업 및 산업에 가치 있는 새로운 유전적 조합을 생성한다.

• 재조합 DNA 기술의 발명

재조합 DNA 기술의 가능성은 1968년 스위스 미생물학자 베르너 아버가 제한 효소를 발견하면서 나타난다. 그 다음해에 미국의 미생물학자 해밀턴 O. 스미스는 소위 II형 제한 효소를 정제했는데, 이는 DNA를 내의 특정 부위를 절단하는 능력으로 인해 유전 공학에 필수적인 것으로 밝혀졌다. 스미스의 연구를 바탕으로 미국의 분자 생물학자인 대니얼 네이선스는 1970~71년에 DNA 재조합 기술을 발전시키는데 도움을 주었다. 1973년에 미국의 생화학자 스탠리 N. 코헨과 허버트 W. 보이어는 재조합된 유전자를 박테리아 세포에 삽입한 후 번식시킨 최초의 사람이 되었다.

• 재조합 DNA 기술의 유용성

재조합 DNA 기술을 통해 인간 인슐린, 인간 성장 호르몬, 알파 인터페론, B형 간염 백신 및 기타 의학적으로 유용한 물질을 합성할 수 있는 박테리아가 만들어졌다. 그리고 재조합 DNA를 통해 여러가지 효소, 호르몬,

항체 및 약리학적으로 분리하고 생성하기 어려운 기타 물질을 제조하는 데 사용될 수 있다.

9. 종양 유전자

종양 유전자는 조절되지 않거나 암을 일으키는 유전자로 정의된다.
더 간단히 정의하면 종양 유전자는 암세포에서 성장을 촉진하는 유전자이다.
암세포는 다음과 같은 3가지 특징을 지닌다.
1. 성장이 조절되지 않는다.
2. 신체 조직에 침입한다.
3. 신체의 다른 부위로 전위된다.

• 암의 발생부위

암은 인체 어느 부위에서든 발생할 수 있으며 인종, 국가, 성별, 나이, 생활습관, 식이습관 등에 따라 다양한 부위의 암들이 발생할 수 있다. 2016년 기준 우리나라의 사망 원인 1위는 암이다. 암의 발생률은 연령과 함께 증가하며 암에서는 효소, 호르몬 및 단백질이 자주 비정상적으로 생성된다.

*국제암연구소(IARC)의 발암물질 분류(2019년 2월기준)

발암1군, 2A군, 2B군, 3군, 4군으로 나뉜다.
암의 대표적인 원인은 흡연이며, 음주는 구강암, 인두암, 후두암 등등 위험을 높인다. 암발생 위험도는 음주량에 비례하며, 특히 음주와 흡연을 동시에 할 경우 위험도가 증가한다. 작업적 노출과, 감염: 암 발생자 10명중

1~2명은 만성 감염으로 인하여 암이 발생한다고 추정되고 있다. 그 외에 방사선, 호르몬, 식이습관 등이 있다.

X선 및 r선 같은 방사선 에너지는 조직에 자유 라디칼을 형성하기에 발암성 인자이다. 방사선은 또한 DNA를 손상시킬 수 있고 돌연변이성 요인이다. 일반적으로 사용하는 많은 화학 물질이 발암성 물질이다.

암의 75% 정도는 환경에 있는 화학 물질로 인해 발생하고, 종양 발생 바이러스는 DNA나 RNA를 포함하고 있다.

참고문헌

R. Chang, 일반화학, 일반화학교재연구회, 5판, 자유아카데미, 2008
W. Brown & T. Poon, 유기화학입문, 4판, 자유아카데미, 2011
N. Campbell, E.J. Simon & J. Reece, 교양인을 위한 캠벨 생명과학, 월드사이언스, 2006
박인국, 생화학 길라잡이, 1판, 라이프사이언스, 2013
백형환역, 리핀코트의 그림으로 보는 생화학, 6판, 바이오사이언스, 2015
장재권, 정하열공역, 현대 생화학, 동화기술, 2006
https://www.joongang.co.kr/article/2640178
https://m.blog.naver.com/sjloveu2/223432557196
서이슬, 김재환, 올리고당의 이해, Current Topics in Lactic Acid Bacteria and Probiotics, 2015, 3(2), 62-69
기초의학생화학, 의학생화학연구회, 3판, 청구문화사, 2023
영동세브란스병원 의약정보6. 트랜스 지방의 질병에 관한 영향
https://terms.naver.com/entry.naver?docId=5141428&cid=60266&categoryId=60266
https://www.britannica.com/science/paper-chromatography
https://m.terms.naver.com/entry.naver?docId=1605641&cid=50314&categoryId=50314
https://m.terms.naver.com/entry.naver?docId=5733585&cid=60266&categoryId=60266
신영우, 심근경색의 진단과 치료(Recognition and Treatment of Myocardial Infarction), 1997
https://www.newsmp.com/news/articleView.html?idxno=73472
https://www.jove.com/science-education/10833/protein-digestion?language=Korean
https://blog.naver.com/sjkang803/223037245393
http://www.snuh.org/health/nMedInfo/nView.do?category=DIS&medid=AA000260
https://terms.naver.com/entry.naver?docId=5569108&cid=61233&categoryId=61233
https://jkma.org/journal/view.php?doi=10.5124/jkma.2021.64.11.772
서병규, 성장호르몬 분비의 신경내분비학적 조절. 소아과, 1996, 39(6), 745-752.
박지혜, 이승근, 박은경, 구동완, 김보현, 김인주 & 김근태, 강직성 척추염 환자에서 발생한 갑상선자극호르몬(TSH) 분비 뇌하수체 선종 1예. 대한내과학회지, 2015, 88(6), 737-741.
김영승, 김광일, 김대수, 안전옥, 윤상정, 장희철, & 박강서, 고프롤락틴혈증과 동반된 부신피질자극 호르몬 단독 결핍 1 예. 대한내분비학회지, 1997, 12, 462-467

김봉선, 김주성, 류형규, 박진웅, 현선아, 강제욱, & 최용준, 항정신병 약제 치료 중 동반된 프로락틴 분비 뇌하수체 거대선종 치료 1 예. 대한내과학회지, 2015, 88(1), 78-82.

김정연, 박기현, 배상욱, 이병석, 안용호, 불임 환자에 있어서 황체형성호르몬에 관한 유전자 분석. Obstetrics & Gynecology Science, 2000, 43(8), 1389-1393.

세브란스 건강정보 건강카드뉴스- 새브란스- 태어난 아이가 갑상선 호르몬이 부족해요, 선청성 요오드결핍 증후군(크레틴병)

MDS 매뉴얼 일반인용- Laura Boucai, MD, Weill Cornell Medical Collage- 하시모토 갑산선염 (자가면역성 갑상선염)

https://embryo.asu.edu/pages/genetical-implications-structure-deoxyribonucleic-acid-1953-james-watson-and-francis-crick

KAIST 뉴스, 빛으로 RNA 이동과 단백질 합성을 조절한다.

https://www.derma.or.kr/new/general/disease.php?uid=1012&mod=document

https://www.amc.seoul.kr/asan/healthinfo/disease/diseaseDetail.do?contentId=32361

https://www.amc.seoul.kr/asan/healthinfo/disease/diseaseDetail.do?contentId=32362

브리태니커 백과사전- 재조합 DNA

상식과 요약으로 배우는 에센스 생화학

1판 1쇄 발행   2025년 4월 18일

지 은 이 | 최창식
펴 낸 이 | 김진수
펴 낸 곳 | 한국문화사
등   록 | 제1994-9호
주   소 | 서울시 성동구 아차산로49, 404호(성수동1가, 서울숲코오롱디지털타워3차)
전   화 | 02-464-7708
팩   스 | 02-499-0846
이 메 일 | hkm7708@daum.net
홈페이지 | http://hph.co.kr

ISBN   979-11-6919-310-8   93430

· 이 책의 내용은 저작권법에 따라 보호받고 있습니다.
· 잘못된 책은 구매처에서 바꾸어 드립니다.
· 책값은 뒤표지에 있습니다.

오류를 발견하셨다면 이메일이나 홈페이지를 통해 제보해주세요.
소중한 의견을 모아 더 좋은 책을 만들겠습니다.